应用型高校产教融合系列教材

服装数字化与设计系列

针织服装设计与工艺

宋晓霞　孙乐毅 ◎ 编著

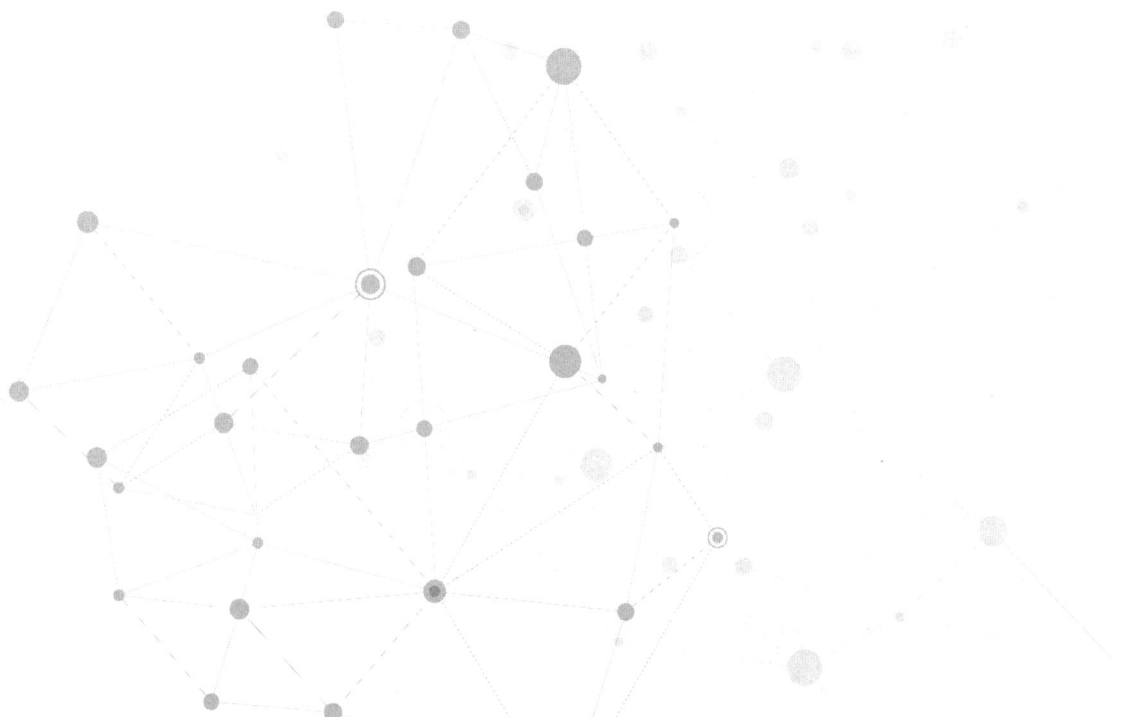

清华大学出版社

北京

内 容 简 介

鉴于针织服装行业的快速发展与不断创新,而目前国内市场上系统深入地介绍针织服装设计与工艺的书籍较少,且能站在技术与艺术完美结合的角度上详细阐述针织服装不同于梭织服装的创意设计与织造的书籍则更加匮乏。因此,本书立足将针织服装款式与色彩设计紧密结合,贯穿针织纱线、面料、成衣织造的全流程,强调其专业性、实践性、前瞻性。

本书包括针织面料认知、针织服装设计、针织服装工艺与制作三大板块内容,通过与针织业界龙头企业上海之禾服饰有限公司紧密合作,产教深度融合,将校企双方合作有关针织服装设计与工艺的实际流程以多媒体和视频等形式呈现为新形态教材,以使学生掌握最新针织服装设计与工艺技术。本书中视频由校企双方共同完成,展示来自企业的第一手资料,生动直观,填补针织服装设计与工艺领域视频书籍的空白。

本书适合作为服装设计与工程专业和服装艺术设计专业本科生教材,也可作为针织服装设计师和针织毛衫企业工艺人员的实战指导书籍。

图书在版编目(CIP)数据

针织服装设计与工艺 / 宋晓霞,孙乐毅编著. -- 北京 : 清华大学出版社,2025. 6.
(应用型高校产教融合系列教材). -- ISBN 978-7-302-69722-0

Ⅰ. TS186.3

中国国家版本馆 CIP 数据核字第 20253J7K08 号

责任编辑:刘 杨
封面设计:何凤霞
责任校对:薄军霞
责任印制:丛怀宇

出版发行:清华大学出版社
    网 址:https://www.tup.com.cn,https://www.wqxuetang.com
    地 址:北京清华大学学研大厦 A 座 邮 编:100084
    社 总 机:010-83470000   邮 购:010-62786544
    投稿与读者服务:010-62776969,c-service@tup.tsinghua.edu.cn
    质量反馈:010-62772015,zhiliang@tup.tsinghua.edu.cn
印 装 者:三河市科茂嘉荣印务有限公司
经 销:全国新华书店
开 本:185mm×260mm 印 张:8.25 插 页:1 字 数:190千字
版 次:2025 年 8 月第 1 版   印 次:2025 年 8 月第 1 次印刷
定 价:36.00 元

产品编号:105827-01

应用型高校产教融合系列教材

总编委会

主　　任：李　江

副 主 任：夏春明

秘 书 长：饶品华

学校委员（按姓氏笔画排序）：

　　　　王　迪　　王国强　　王金果　　方　宇　　刘志钢　　李媛媛

　　　　何法江　　辛斌杰　　陈　浩　　金晓怡　　胡　斌　　顾　艺

　　　　高　瞩

企业委员（按姓氏笔画排序）：

　　　　马文臣　　勾　天　　冯建光　　刘　郴　　李长乐　　张　鑫

　　　　张红兵　　张凌翔　　范海翔　　尚存良　　姜小峰　　洪立春

　　　　高艳辉　　黄　敏　　普丽娜

　　教材是知识传播的主要载体、教学的根本依据、人才培养的重要基石。《国务院办公厅关于深化产教融合的若干意见》明确提出,要深化"引企入教"改革,支持引导企业深度参与职业学校、高等学校教育教学改革,多种方式参与学校专业规划、教材开发、教学设计、课程设置、实习实训,促进企业需求融入人才培养环节。随着科技的飞速发展和产业结构的不断升级,高等教育与产业界的紧密结合已成为培养创新型人才、推动社会进步的重要途径。产教融合不仅是教育与产业协同发展的必然趋势,更是提高教育质量、促进学生就业、服务经济社会发展的有效手段。

　　上海工程技术大学是教育部"卓越工程师教育培养计划"首批试点高校、全国地方高校新工科建设牵头单位、上海市"高水平地方应用型高校"试点建设单位,具有40多年的产学合作教育经验。学校坚持依托现代产业办学、服务经济社会发展的办学宗旨,以现代产业发展需求为导向,学科群、专业群对接产业链和技术链,以产学研战略联盟为平台,与行业、企业共同构建了协同办学、协同育人、协同创新的"三协同"模式。

　　在实施"卓越工程师教育培养计划"期间,学校自2010年开始陆续出版了一系列卓越工程师教育培养计划配套教材,为培养出具备卓越能力的工程师作出了贡献。时隔10多年,为贯彻国家有关战略要求,落实《国务院办公厅关于深化产教融合的若干意见》,结合《现代产业学院建设指南(试行)》《上海工程技术大学合作教育新方案实施意见》文件精神,进一步编写了这套强调科学性、先进性、原创性、适用性的高质量应用型高校产教融合系列教材,深入推动产教融合实践与探索,加强校企合作,引导行业企业深度参与教材编写,提升人才培养的适应性,旨在培养学生的创新思维和实践能力,为学生提供更加贴近实际、更具前瞻性的学习材料,使他们在学习过程中能够更好地适应未来职业发展的需要。

　　在教材编写过程中,始终坚持以习近平新时代中国特色社会主义思想为指导,全面贯彻党的教育方针,落实立德树人根本任务,质量为先,立足于合作教育的传承与创新,突出产教融合、校企合作特色,校企双元开发,注重理论与实践、案例等相结合,以真实生产项目、典型工作任务、案例等为载体,构建项目化、任务式、模块化、基于实际生产工作过程的教材体系,力求通过与企业的紧密合作,紧跟产业发展趋势和行业人才需求,将行业、产业、企业发展的新技术、新工艺、新规范纳入教材,使教材既具有理论深度,能够反映未来技术发展,又具有实践指导意义,使学生能够在学习过程中与行业需求保持同步。

　　系列教材注重培养学生的创新能力和实践能力。通过设置丰富的实践案例和实验项目,引导学生将所学知识应用于实际问题的解决中。相信通过这样的学习方式,学生将更加具备竞争力,成为推动经济社会发展的有生力量。

本套应用型高校产教融合系列教材的出版,既是学校教育教学改革成果的集中展示,也是对未来产教融合教育发展的积极探索。教材的特色和价值不仅体现在内容的全面性和前沿性上,更体现在其对于产教融合教育模式的深入探索和实践上。期待系列教材能够为高等教育改革和创新人才培养贡献力量,为广大学生和教育工作者提供一个全新的教学平台,共同推动产教融合教育的发展和创新,更好地赋能新质生产力发展。

中国工程院院士、中国工程院原常务副院长

2024 年 5 月

前 言

　　本书为应用型高校产教融合系列教材,在应用型高校产教融合系列教材总编委会、服装数字化与设计系列编委会的指导下,按照产教融合教材建设要求编写完成。"应用型高校产教融合教材·服装数字化与设计系列"的编写由上海工程技术大学和上海之禾服饰有限公司共同完成。其中《针织服装设计与工艺》由校企双方共同提供教材中的实际案例,形成新形态教材,合作完成视频教程。该教材站在技术与艺术完美结合的角度上详细阐述针织服装不同于梭织服装的创意设计,将针织面料组织结构、全成形针织服装织造工艺与服装色彩款式设计紧密结合,是一本系统介绍从纱线至成衣——贯穿针织纱线、面料、成衣全流程的与市场密切接轨的专业性和实践性书籍。本书适合服装设计与工程专业和服装艺术设计专业本科生使用,也可供针织服装设计师和针织毛衫企业工艺人员参考。建议读者边阅读本书的文字部分,边观看书中的视频,边实践操作,这样才能达到最佳的使用效果。

　　本书由上海工程技术大学、纺织服装学院和上海之禾服饰有限公司、浙江凌迪数字科技股份有限公司合作编写,宋晓霞编写第1章、第4~第7章,孙乐毅编写第8章、第9章,宋晓霞、张慧合作编写第2章、第3章,浙江凌迪提供第10章素材。全书由宋晓霞任主编,孙乐毅任副主编。本书的编写过程中得到上海之禾服饰有限公司孙乐毅厂长和张慧工艺师的大力支持,获得许多针织毛衫生产的第一手资料,他们就全书的内容与框架提出许多来自企业的宝贵意见,使本书更好地体现产教融合的特点。

作　者

2024 年 8 月

目 录

CONTENTS

第1章　针织服装的起源与发展 / 1

1.1　针织服装的起源 / 1

　　1.1.1　针织服装的定义 / 1

　　1.1.2　针织服装的起源 / 1

　　1.1.3　针织服装的特点 / 3

1.2　中国针织服装的发展状况与发展趋势 / 5

　　1.2.1　中国针织服装的发展状况 / 5

　　1.2.2　中国针织服装的发展趋势 / 6

第2章　针织物的组织结构与形成原理 / 8

2.1　针织与针织物 / 8

　　2.1.1　基本术语 / 8

　　2.1.2　针织物与梭织物的比较 / 9

　　2.1.3　针织物的形成原理 / 10

　　2.1.4　针织物组织结构的表示方法 / 10

2.2　针织物的基本组织结构 / 11

　　2.2.1　纬平针组织 / 12

　　2.2.2　罗纹组织 / 12

　　2.2.3　双罗纹组织 / 13

　　2.2.4　双反面组织 / 14

2.3　在针织服装中常用的花色组织 / 14

　　2.3.1　提花组织 / 14

　　2.3.2　集圈组织 / 16

　　2.3.3　纱罗组织 / 16

　　2.3.4　波纹组织 / 18

　　2.3.5　添纱组织 / 18

    2.3.6　毛圈组织 / 19

    2.3.7　衬垫组织 / 19

  2.4　常见针织物编织方法 / 19

    2.4.1　局部编织 / 19

    2.4.2　褶裥编织 / 20

第3章　针织纱线的创意设计 / 21

  3.1　常规纱线种类及其设计 / 22

    3.1.1　常规纱线种类 / 22

    3.1.2　从常规纱线的性能入手进行设计 / 23

  3.2　花式纱线及其设计 / 26

    3.2.1　花式纱线的种类 / 26

    3.2.2　花式纱线在针织产品中的设计运用 / 27

    3.2.3　花式纱线在针织服装中的设计运用 / 29

第4章　针织面料的创意设计 / 32

  4.1　基于纱线与组织结构的针织面料设计 / 32

    4.1.1　纬平针组织 / 32

    4.1.2　罗纹组织 / 32

    4.1.3　正反针的组合 / 33

    4.1.4　双反面组织 / 33

    4.1.5　绞花组织 / 34

  4.2　基于肌理再造的针织面料设计 / 34

    4.2.1　肌理设计的含义 / 34

    4.2.2　针织服装的面料肌理设计 / 35

    4.2.3　肌理设计在针织服装中的表现手法 / 39

  4.3　基于手工编织的针织面料设计 / 42

    4.3.1　手工棒针面料 / 42

    4.3.2　手工钩针面料 / 43

    4.3.3　手工编织的服饰配件 / 45

第5章　针织服装的色彩设计 / 47

  5.1　色彩设计的基本手法 / 47

    5.1.1　色彩心理学理论 / 47

    5.1.2　色彩的搭配方式 / 48

    5.1.3　针织服装中色彩设计的手法 / 48

5.1.4 花型图案在针织服装色彩设计中的运用 / 49
5.2 条纹在针织服装设计中的运用 / 52
　　5.2.1 条纹在针织服装中产生的心理影响和作用 / 52
　　5.2.2 色彩设计在条纹中的运用 / 55
　　5.2.3 条纹在针织服装设计中的运用方式 / 55
　　5.2.4 条纹设计的运用实例 / 57
　　5.2.5 针织服装设计中条纹运用的要点 / 58

第6章　针织服装的款式设计 / 59

6.1 针织服装的设计特点 / 59
　　6.1.1 针织服装设计中空间感的把握 / 59
　　6.1.2 从针织服装的面料特点和制作工艺进行设计 / 60
6.2 针织服装款式设计的灵感来源 / 60
　　6.2.1 民族文化的营养 / 60
　　6.2.2 人类情感与社会文化的启示 / 61
　　6.2.3 自然的启迪 / 61
　　6.2.4 网络资讯 / 67
6.3 平面构成元素在针织服装款式设计中的运用 / 67
　　6.3.1 平面构成 / 67
　　6.3.2 平面构成元素在针织服装中的表现形式 / 67
　　6.3.3 平面构成元素在学生设计作品中的体现 / 71

第7章　手动横机分类和编织方法 / 72

7.1 手动横机简介 / 72
　　7.1.1 横机分类 / 72
　　7.1.2 工业用手摇横机 / 72
　　7.1.3 家用编织机 / 72
7.2 银笛编织机操作方法和常用编织方法 / 73
　　7.2.1 银笛编织机操作方法 / 73
　　7.2.2 银笛编织机常用编织技法 / 73

第8章　全成形针织服装工艺与生产流程 / 76

8.1 全成形针织服装工艺 / 76
　　8.1.1 全成形针织服装工艺设计内容 / 76
　　8.1.2 毛衫成型方法及原理 / 81
　　8.1.3 毛衫常用款式版型 / 85

8.1.4　毛衫工艺计算 / 86
8.2　全成形针织服装生产流程 / 89
　　8.2.1　纱线入库 / 89
　　8.2.2　络筒(倒毛) / 89
　　8.2.3　编织 / 90
　　8.2.4　检验衣片(验片) / 90
　　8.2.5　套口 / 90
　　8.2.6　手缝 / 90
　　8.2.7　洗水与缩绒 / 90
　　8.2.8　生检与平车 / 90
　　8.2.9　整烫 / 91
　　8.2.10　成品检验(成检) / 91
8.3　计算机横机全成形针织服装工艺建模 / 91
　　8.3.1　后片、前片、袖片建模 / 91
　　8.3.2　领子建模 / 92
8.4　计算机横机全成形针织服装织造及完整生产流程 / 93
　　8.4.1　计算机横机编织 / 94
　　8.4.2　套口前准备 / 94
　　8.4.3　套口缝制 / 95
　　8.4.4　后道工序 / 96
8.5　优秀全成形针织服装设计制作案例 / 98
　　8.5.1　灵感汲取和构思 / 98
　　8.5.2　效果图设计 / 98
　　8.5.3　工艺制版 / 99
　　8.5.4　M1 PLUS 建模 / 100
　　8.5.5　毛衫织造 / 101
　　8.5.6　最终成品效果 / 103

第9章　一线成型针织服装织造 / 105

9.1　一线成型针织技术 / 105
9.2　无缝毛衫 / 105
9.3　无缝计算机横机 / 106
9.4　普通毛衫和无缝毛衫制作流程对比 / 106
　　9.4.1　普通毛衫的制作流程 / 106
　　9.4.2　无缝毛衫的制作流程 / 106
9.5　普通毛衫和无缝毛衫的区分 / 107
9.6　无缝毛衫的优势 / 108

第10章 Style3D针织服装设计 / 109

10.1 Style3D 针织设计系统介绍 / 109

    10.1.1 Style3D 针织设计的优势 / 110

    10.1.2 Style3D 针织设计系统的构架 / 110

    10.1.3 Style3D 针织设计系统的创新性 / 110

    10.1.4 Style3D 数字化研发平台产品结构 / 110

    10.1.5 Style3D Studio＋Knit / 110

    10.1.6 Style3D 的产品价值 / 111

10.2 Style3D 热销功能介绍 / 112

    10.2.1 多色多组织面料设计 / 112

    10.2.2 款式搭配综合应用 / 112

    10.2.3 通过 Knit Design 轻松变款 / 113

    10.2.4 网络或客户畅销款轻松设计 / 113

结语 / 114

参考文献 / 115

第1章 针织服装的起源与发展

1.1 针织服装的起源

1.1.1 针织服装的定义

针织服装包括用针织面料制作和用针织方法直接编织成形的服装。针织是利用织针把纱线弯成线圈,然后将线圈相互串套而形成织物的一种方法。

1.1.2 针织服装的起源

织物是传承文明的极好方式,针织作为一种民间技艺可以追溯到久远的年代。《圣经》中不止一次地提到编织。当耶稣被钉在十字架上时,他身上穿的便是一袭无缝合线的针织长衫,这说明在两千年前,就有了无缝合线衣服的记载。

针织的魅力不仅在于有许多关于它的神话和传说,而且因为它是具有平民化亲和力的技艺。关于针织的故事很有趣,例如,无敌舰队(1588年,西班牙国王菲利普二世派征英国的舰队)上的西班牙人教会苏格兰费尔岛(Fair Isle)的小农场佃农运用当地的植物染料染毛线并编织,形成了至今仍广泛使用的费尔岛花型(图1-1),而阿兰花型(Aran pattern)则拥有数千年的历史,两千年前加利里的渔夫便戴着阿兰花型的针织帽。

针织这项发明受到普遍欢迎,也反映了针织作为真正的民间技艺的传播方式。这门手艺使用的工具可简单至细棍、木制品、骨头,甚至是长且坚硬的豪猪刺。

最早有针织外观的织物采用织补或缝纫手法,用一根短短的羊毛穿过每一个线圈。这种技术最早出现在石器时代的瑞士,并流传至今,从简单的织物到斯堪的纳维亚地区的冬日独指手套(拇指分开,其他四指连在一起,当地人称为缠绕手套(图1-2))。据说编织这种手套最好的纱线应有非常长的纤维,并且是单独纺丝,这样形成的纱线可以迂回缠绕,没有明显的结头。缠绕手套复杂又耗时,但它又非常保暖、舒适且耐用,如果仔细观察,会发现有一根纱线穿过每一个线圈并被抽紧。

与缠绕手套有异曲同工之妙的还有非常漂亮小巧的科普特便鞋短袜,大约在公元250年由埃及人织造;另外,还有欧洲中世纪用于礼拜仪式的精美手套。由于缠绕手套非常费

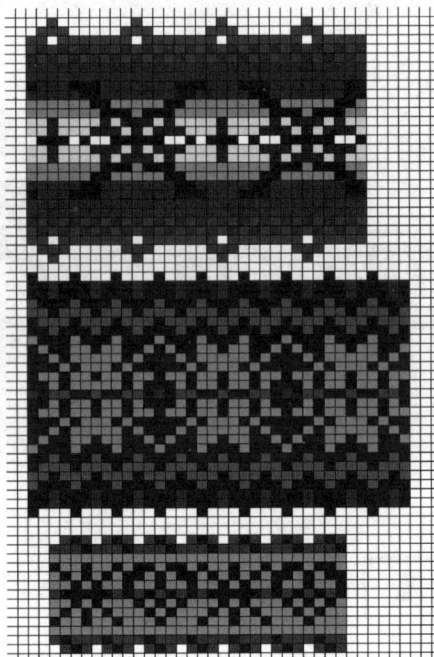

图 1-1　费尔岛花型指由三种颜色以上的纱线（通常色彩鲜艳、对比鲜明）以较小间距轮流编织形成的小花型

工时，因此价值连城，成为穿戴者拥有财富的象征，但又比华贵的珠宝首饰含蓄得多。这些古代技艺作为最早知晓的欧洲技艺范例被保留下来。

　　1100 年前后编织成的具有精美绝伦图案的针织短袜，由于埃及干燥的空气和被黄沙掩埋而得以保留，这也许是现存最早的真正针织品。我们不知道这些具有精美图案的针织短袜是本土的产品还是舶来品——有些特征源自印度，但我们的确知道它们在埃及盛行了数百年，经历了宗教、政治的巨变和王朝的兴衰。当地的羊毛色彩明亮——红、粉红、深蓝、浅蓝、绿、黄、浅黄褐、松石绿以及白等颜色都可以在现存的针织短袜碎片中觅到踪迹。这种技术很快沿着北非传入西班牙，将近一千年前的西班牙羊毛椅垫保留至今，上面装饰有几何图案和优美的花鸟图案，它采用的抽股技术和埃及、设得兰群岛（Shetland，苏格兰东北的群岛）如今采用的技术（图 1-3）如出一辙。从技术的角度看，埃及的图案比西班牙的更为复杂。早期的针织工可能使用了带针钩的织针，这种织针在 12 世纪的土耳其坟墓中发现过。

图 1-2　欧洲斯堪的纳维亚部分地区的人们偏好的冬日独指手套

图 1-3　源自英国设得兰群岛的提花毛衣

有关针织的技术通过教堂从西班牙传播开来,西班牙是欧洲针织的发祥地。丝绸文化也通过摩尔人传入欧洲。丝绸因为其细而长的纤维而备受针织工艺的青睐。礼拜仪式用手套是最早的丝绸针织品之一,权势显赫的人都对其趋之若鹜。有关针织的历史记载,在意大利是 13—14 世纪,在英国是 15 世纪,据说针织在 1560 年传至冰岛(可能自荷兰传入),之后传入斯堪的纳维亚半岛。

非常精致、声誉卓著的丝绸针织品在相当长的时间里保持着奢侈极品的地位。即使是声名显赫的亨利八世也很难觅到丝绸长袜,据《编年史》所载,他在西班牙境外偶得一双。据说,因为羊毛袜粗糙,他通常穿传统布袜,采用品质上乘的棉布斜裁,在后面开缝。到亨利八世的女儿伊丽莎白一世继位时,精致的手工针织袜已可由宫廷女工为她量身定做。

由此可见,针织品在 16 世纪以前一直处于服饰配件的地位,而针织服装主要是内衣,使用寿命很短,很难保存。目前幸存的针织服装可谓凤毛麟角,我们现在能看到的最古老的针织碎片是在哥本哈根发现的一只针织袖子,也可能是针织衬衣的一部分,织成年代大概是 17 世纪。之后出现的手工编织的苏格兰渔夫衫式样简单质朴、穿着方便,穿着后运动自如,很适合渔夫出海打鱼用。

1589 年,英国的威廉·李(William Lee)从手工编织中得到启示,发明了世界上第一台手动式钩针针织机,从此针织生产由手工作业逐渐向机械作业转化。

1817 年,英国的马歇·塔温真特(Marcel Tawengente)发明了针织机和带舌的梭织钩针,使欧洲的袜业得到迅速的发展,从手动式生产发展成为自动式生产。自此,针织品的种类增多,从袜子到内衣,以至外衣都能制造了。

从第一次世界大战(1914—1918)起,针织品的需求量越来越大,1920 年前后已经开始流行如现在这样的毛衣了。

1.1.3　针织服装的特点

随着生活水平和艺术品位的日益提高,人们的着装理念也有了新的变化,即由最初的注重保暖、实用转变为崇尚休闲、运动,强调拥有既舒适合体、随意自然又能体现时尚感和艺术效果的更为完美、品质超群的服装,可见服装对人们生活的影响越来越大。随着针织工业的发展,针织服装成为服装大家庭中独树一帜的奇葩,不仅在家居、休闲、运动等方面具有独特优势,而且功能性也是梭织服装所不能替代的。

在针织服装设计中要充分考虑针织面料的以下特点。

1. 延伸性大、弹性好

针织面料是由同一根纱线形成横向连接或纵向串套,当往一个方向拉伸时,另一方向回缩;而且能朝各方向拉伸,延伸性大、弹性好。因此,针织服装手感柔软、富有弹性、穿着舒适,既能显现人体的线条起伏,又不妨碍身体的运动(图 1-4)。

2. 适形性好

所谓适形性,一方面是指针织面料能随着人体表面皮肤张力的变化而迎合人体的运动需求,另一方面是针织面料的外形可自由变化,做成梭织面料所达不到的各种形状,更好地适合人体不规则的外表面(图 1-5)。

图 1-4　针织服装的优良弹性契合现代人
崇尚舒适自然的生活理念

图 1-5　良好的适形性使针织服装
更完美地体现人体曲线

3. 透气性好

针织面料的线圈结构能保存较多的空气量,因而透气性和吸湿性比较优良,使服装穿着时具有舒适感。

4. 尺寸稳定性差

由于针织面料的线圈结构延伸性大、弹性好,尺寸稳定性差。

5. 脱散性大

与梭织面料相比,针织面料脱散性较大,这是由针织物的结构决定的,当纱线断裂或线圈脱离串套后会产生线圈与线圈的分离现象,这种性能就是针织面料的脱散性。

一般来说,针织面料易脱散是很不好的现象,会影响美观与穿着牢度,例如长筒丝袜沿纵行方向的梯脱。但现在有许多针织服装设计师巧妙地利用针织面料的脱散性,追求不规则的漏针、脱散的效果,营造出独特的视觉效果。

6. 卷边性

针织物在自然状态下,边缘会产生包卷现象,这种现象称为卷边性。这是由于线圈中弯曲线段所具有的内应力企图使线段伸直而引起的。卷边性与针织物的组织结构、纱线捻度、组织密度和线圈长度等因素有关。一般单面针织物的卷边性比较严重,而双面针织物则没有卷边性。

7. 勾丝与起毛起球性

针织物在使用过程中碰到坚硬的物体时,其中的纤维或纱线易被勾出,这种现象称为勾丝。针织物在穿着、洗涤过程中,不断受到摩擦,纱线表面的纤维端露出织物表面的现象称为起毛;当起毛的纤维端在穿着中不能及时脱落时,则会相互纠缠在一起被揉成许多球形小粒,称为起球。由于针织面料的线圈结构,针织服装的勾丝与起毛起球性都较大。

8. 纬斜性

当圆筒纬编针织物的纵行与横列之间相互不垂直时,就形成了纬斜现象,用这类面料缝制的产品洗涤后就会产生扭曲变形。纬斜主要是由编织纱线的捻度造成的。

9. 工艺回缩性

针织面料在缝制加工过程中,其长度与宽度方向会发生一定程度的回缩,其回缩量与原衣片长、宽尺寸之比称为缝制工艺回缩率。回缩率的大小与面料组织结构、密度、原料种类和细度、染整加工和后整理的方式等条件有关。工艺回缩率是针织面料的重要特性,也是样板设计时必须考虑的工艺参数。

上述性能特征是一般针织服装所共有的,是设计师在设计任何针织服装前所必须考虑的首要因素。在设计紧身适体、充满动感的针织服装时,要充分利用针织面料弹性好这一优点。而当设计制服类的针织服装时,要求挺括、不变形,这时弹性好是个缺点,设计师则应考虑采取必要的手段(如加衬、改变原料成分等)克服这一缺点。

1.2　中国针织服装的发展状况与发展趋势

1.2.1　中国针织服装的发展状况

1. 中国古代针织技术的发展(前 300—1840)

我国古代手工编织的针织物品都是人们开发生活必需品的劳动成果。1982 年,在我国湖北省江陵县马山砖瓦厂出土的真丝针织绦,根据考古学家确认,为公元前 340—前 278 年战国中晚期的手工编织针织物品,是一种用于装饰的窄带,距现在约有 2000 年历史,属单面双色提花丝针织物。其中,线圈以重套的方式串套,形成闭口型线圈结构。该实物结构的构成已显示出了线圈结构的组织元素,由线圈相互串套而形成针织物的机理,以及花色针织物的组织概念等,与时隔两千年后所确立的针织原理是一致的。据历史查证,该真丝针织绦的制作年代早于以前确认为最早的,在埃及 Dara Europe 发现的前 256 年的针织实物。

中国手工编织技术历史悠久,技艺高超,闻名世界,可编织出在现代针织机器上仍无法织出的极为复杂精致的针织品。早在 3 世纪初的曹魏时期,文帝曹丕之妃给他织出的成形袜是我国成形针织物的最早记载,且比埃及出土的粗毛针织袜的年代早 200 年左右。日本元禄时代(17 世纪)的《猿叉集》诗集中有"唐人故里天气冷,人们穿着针织袜"的记载,说明在我国明代,人们喜欢穿着针织袜已较普遍,但当时生产技术仍处于手工编织阶段。

2. 中国近代针织技术的发展(1841—1949)

我国古代长时期处于封建社会,重科举、轻科技,严重阻碍了科学技术的进步,工业发展缓慢,以致手工编织针织物的生产方式与技术状态持续了很长时间。1896 年,国内第一家针织厂在上海成立,标志着我国针织工业的开始。但在新中国成立前的 50 多年中,针织工业的发展十分缓慢,技术落后、设备陈旧、品种单调。新中国成立后,针织工业才从内衣、袜子和服饰品方面迅速地发展起来。随后多种多样的化纤原料为针织工业开辟了广阔的前景,变形纱以及化纤短纤维的出现,使针织品由内衣、袜品和手套等扩大到外衣领域。

3. 中国现代针织技术的发展(1950 年以后)

在 20 世纪 50 年代初,我国的针织服装主要以内衣为主,外衣面料以横梭织物为主。到 20 世纪 60 年代中期,化学纤维工业的迅速发展以及针织技术水平和针织机械性能的不断提高,为发展针织服装奠定了基础。20世纪70年代,针织服装日益受到人们的青睐,服装领域呈现出向针织服装发展的趋势。1973年,在上海开始试织针织锦纶外衣,它一经问世就显示出了旺盛的生命力。针织锦纶外衣的原料供应充沛,而且又符合"以化代棉"的发展方向,尤其是服用性能优良、花色品种多,可以满足不同的消费需要,所以很受人们欢迎。

从20世纪80年代初开始,针织服装的品种、质量和生产数量得到高速发展。随着人们生活水平的不断提高,对针织服装的需求也在不断提高,不但要求舒适随意、柔软合体,还要求新奇、美观、上档次,于是对针织服装的设计提出了更高的要求。针织服装在家用、休闲、运动服装方面具有独特优势。随着针织工艺设备和染整、后处理技术的不断进步,以及原料应用的多样化,现代针织面料更加丰富多彩,并步入多功能及高档化的发展阶段。目前,针织服装的设计与开发在整个服装业的生产和发展中已占有相当重要的位置,并有着广阔的发展前景。

1.2.2 中国针织服装的发展趋势

设计师的创意、服装材料的更新以及制作工艺的进步都向我们展示了针织服装的巨大潜力。近年来,全球针织服装业发展迅速,针织服装在成衣中的比重大幅增加。国内针织服装业也得到迅猛的发展,各大商场服装销售区中,最引人注目的就是针织服装,其在成衣中的销售比例达到了45%,尽管与国际水平相比还有差距,但可以看出这是一个极具发展潜力的服装门类。

从巴黎到米兰,从东京到纽约,世界各大时装中心的T台上正演绎着轰轰烈烈的针织新篇,针织时装已成为许多世界知名时装公司的主打成衣产品,多元化、个性化的发展新观念,已广泛地被人们所接受。针织时装设计作为近年来国际时装流行的一大主要类别,在时装设计中以其独特的视觉效果和穿着的舒适感吸引着消费者,并且越来越多地和梭织面料相结合,给予服装更多层次的造型和风格。

针织设计作为国际时装设计的新宠,可以从国际一线品牌的时装发布会上窥见一斑。各大品牌在最新的动态发布会上都有意无意地青睐针织时装。可见,针织服装在国际流行动态大趋势上的地位已经不容动摇。

进入21世纪,针织服装的休闲化、时装化顺应了人们生活方式的变化,在现代服装中占据越来越重要的地位,成为现代人着装选择中不可缺少的一部分,具有广阔的发展前景和巨大商机,呈现出外衣化、时装化、绿色化三大发展趋势。

1. 外衣化

过去,人们对针织服装的印象停留于贴身穿着的内衣、棉毛衫裤、袜类,而今市场上出现了针织服装由"内"转"外"的新趋势,一系列针织外衣化新产品在市场上出现,并受到欢迎。

这类外衣化的针织服装,在款式上借鉴外衣的某些特征,通常舒适贴体,既勾勒出人体的完美曲线,又不失风度,可登大雅之堂(图1-6)。

图1-6 端庄得体的针织外衣颠覆了人们对针织服装过于随意、难登大雅之堂的传统印象

2. 时装化

目前，针织服装一改过去一成不变的平庸外貌，设计师在针织服装的设计中极力发挥自己的创造力和想象力，在款式、色彩和细节的处理中融入更多的时尚元素，使针织服装成为消费者衣橱中的必备扮靓单品。众多的知名服装品牌纷纷推出自己的针织系列，以契合潮流趋势。

3. 绿色化

现代消费者对针织服装的舒适性要求越来越高，好的设计一定要有绿色环保的面料支撑，才会受到市场的青睐。对人体和皮肤有保健作用的天然纤维织物和吸汗、透气的改性合成纤维织物是针织服装的首选面料。

第 2 章　针织物的组织结构
与形成原理

2.1　针织与针织物

2.1.1　基本术语

1. 针织

针织是利用织针把纱线弯成线圈,然后将线圈相互串套而形成织物的一门工艺技术。根据不同的工艺特点,针织分为纬编和经编两大类。纬编是将纱线沿纬向喂入针织机的工作织针,顺序地弯曲成圈并相互穿套而形成针织物的一种工艺。经编是一组或几组平行排列的纱线由经向喂入平行排列的工作织针,同时弯曲成圈并相互串套而形成针织物的一种工艺。针织物也相应地分为纬编针织物和经编针织物。本书中指的针织物为纬编针织物。

2. 线圈

线圈是组成针织物的最小结构单元,由圈干和沉降弧构成,在空间呈三维弯曲曲线。

纬编针织物中最基本的纬平针组织的线圈结构如图 2-1 所示,圈干由 1-2-3-4-5 段组成,沉降弧由 5-6-7 段组成。圈干的直线段 1-2、4-5 称为圈柱,弧线段 2-3-4 称为针编弧,针编弧和沉降弧合称圈弧。

线圈由横向的相互连接、纵向的相互串套而形成针织物。其中,线圈沿织物横向组成的一行称为线圈横列;线圈沿织物纵向相互串套而成的一列称为线圈纵行。

在线圈横列方向,两个相邻线圈对应点间的距离称为圈距,一般以 A 表示;在线圈纵行方向,两个相邻线圈对应点间的距离称为圈高,一般以 B 表示。

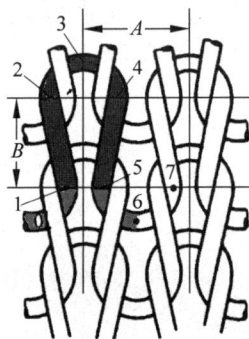

图 2-1　纬平针组织的线圈结构

3. 织物密度

织物密度是由规定单位面积内的横列数和纵行数相乘而得。

横密是沿线圈横列方向上 10cm 内的线圈纵行数。

纵(直)密是沿线圈纵行方向上 10cm 内的线圈横列数。

4. 机号

机号是针织机上规定长度内的排针数,以"针数 G"表示。通常采用的长度为 2.54cm (1in)。9G 即表示在 2.54cm 内排有 9 枚针。

机号越小则单位长度内的排针数越少,针与针间的距离越大,针就越粗。织针的尺寸和针距与机号有关。在一定程度上,机号决定着针织机上可加工的最适合纱线细度的范围,所以机号直接影响着纱线细度的选择和织物的特性,如外观风格、重量等。

5. 正面和反面、单面和双面

针织物有正面和反面、单面和双面的区别。线圈圈柱覆盖在线圈圈弧上是针织物正面的特征;而线圈圈弧覆盖在线圈圈柱上,则表明是针织物的反面。线圈圈柱或线圈圈弧集中分布在针织物一面的,即单面针织物;如果分布在针织物两面,则是双面针织物。

2.1.2　针织物与梭织物的比较

针织服装是相对于梭织服装和非织造类服装而言的,由于非织造布在服装中使用得较少,本书主要比较针织服装与梭织服装的异同点。

梭织物是由相互垂直排列的两个系统的纱线在织机上按一定规律交织而成的制品。在梭织物中,与布边平行的纵向排列的纱线称为经纱,与布边垂直的横向排列的纱线称为纬纱。经纱和纬纱在织物中互相叠搭,进行交织以形成织物。

针织物是由线圈相互串套而成。线圈是针织物的最小组成单元。由于每一个线圈由一(或二)根纱线组成,当针织物受到纵向拉伸时,不但线圈由弯曲变为伸直,而且线圈的高度亦增加。这时,线圈的宽度相应减少,使针织物继续纵向延伸,即线圈具有游移性能,长度和宽度在不同的张力条件下可以相互转换,能在各个方向延伸。此外,针织物是由孔状的线圈形成的,所以具有较大的透气性。

梭织物的最小组成单元是经纱和纬纱交织的组织点,而针织物的最小组成单元是线圈。针织物比梭织物的延伸性要大得多,并且可以在各个方向延伸。由于针织物是由孔状线圈组成的,具有较大的透气性。除此之外,针织物还有弹性、卷边性、脱散性、保暖性和吸湿性等特性。针织物与梭织物的性能比较如表 2-1 所示。

表 2-1　针织物与梭织物的性能对比

性　　能	针　织　物	梭　织　物
脱散性	大	小
卷边性	强	无
延伸性	大	小
弹性	好	差
透气性(多孔性)	好	差
收缩性	大	小
勾丝与起毛起球性	大	小

针织物与梭织物相比，合身性好，具有成形性，但保形性、形态稳定性、挺括度差，牢度低，保暖性差。

2.1.3 针织物的形成原理

以下以横机为例，介绍针织物的形成原理。

横机上编织针织物时，成圈是利用机头上的三角斜面推动针踵，使上升的舌针将旧线圈移向针杆，舌针下降，旧线圈推动针舌闭合针口，套住新纱线，并将新纱线弯曲串套成为新的线圈。横机编织的成圈过程有下列阶段：退圈—压针—垫纱—带纱—套圈—连圈—脱圈—弯纱—成圈—牵拉(图 2-2)。

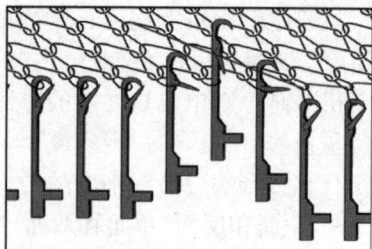

图 2-2 横机编织的成圈过程

1. 退圈

退圈，即旧线圈从针钩上端移向针杆，它是利用舌针上升，旧线圈将针舌打开，从针舌滑到针杆上，该过程的进行是由起针三角及挺针三角完成的。

2. 压针

当针踵接触压针三角(俗称眉毛三角)并往下降时，旧线圈将针舌关闭，使旧线圈与新纱线分隔于针舌内外。

3. 垫纱

当舌针在压针三角的作用下，下降针舌还未闭合时，新纱线由导纱器垫送到敞开的针舌上。

4. 带纱

针踵运动至压针三角顶端处，针舌闭合，此时垫到针舌上的纱线转向针钩内。

5. 套圈

旧线圈从闭合的针舌上继续向针头移动，旧线圈逐步扩张。

6. 连圈

旧线圈通过舌针接触到新纱线时，新线圈即将形成，此时称为连圈。

7. 脱圈

旧线圈全部通过针头而脱落到将要弯曲成圈状线段时便是脱圈。

8. 弯纱

针踵受压下降连圈时，旧线圈脱圈，新纱线逐渐弯曲成一定长度的新线圈，即弯纱。

9. 成圈

弯纱后新线圈穿越旧线圈达到了规定的线圈大小，称为成圈。

10. 牵拉

为了保证顺利进行新的连续成圈，用穿线板和铁铊将织物牵拉引出成圈区，并在第二次退圈时，牵拉旧线圈，避免旧线圈随舌针上升，浮出筒口线过多。

2.1.4 针织物组织结构的表示方法

常用的针织物组织结构表示方法有线圈结构图、意匠图和编织图。

1. 线圈结构图

将线圈在织物内的形态用图形表示,该图形称为线圈结构图,简称线圈图。

从线圈图可清晰地看出线圈在织物内的组成形态,便于研究与分析针织物的性质和编织的方法,适用于较简单的组织,对于绘制复杂结构或大型花纹,使用线圈图则比较困难。

2. 意匠图

意匠图是把织物内线圈组合的规律,用规定的符号在小方格纸上表示的一种图形(图 2-3)。方格纸上的每一个方格代表一个线圈,方格在纵向的组合表示线圈纵行,在横向的组合表示线圈横列。组成一个组织的最小循环单元称为一个完全组织。意匠图适用于结构较复杂以及大型花纹的织物组织,缺点是不够直观。

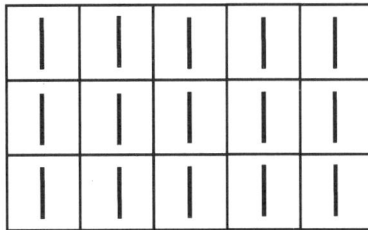

图 2-3 纬平针组织正面意匠图

3. 编织图

编织图是将织物组织的横断面形态,按成圈顺序和织针编织情况,用图形表示的一种方法(图 2-4)。

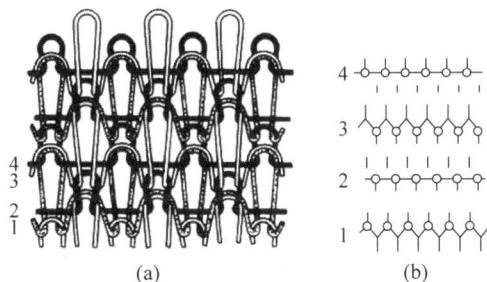

图 2-4 畦编组织线圈的结构图和编织图

(a) 结构图;(b) 编织图

编织图适用于大多数纬编针织物,特别是表示双面纬编针织物时,有一定的优点。

纱线在织物内以线圈、悬弧、浮线三种形式存在。

线圈:把纱线编织成线圈,如图 2-4 中横列 2 的前针床。

悬弧:织针钩住喂入的纱线,但不编织成圈,纱线在织物内呈悬弧状,如图 2-4 中横列 3 的后针床。

浮线:织针不参加编织,纱线没有喂入,如图 2-4 中横列 2 的后针床。

2.2 针织物的基本组织结构

针织物的组织种类很多,一般分为原组织、变化组织和花色组织三类,其中原组织和变化组织合称为基本组织。原组织是针织物组织的基础;变化组织是由两个或两个以上的原组织复合而成的组织;花色组织是利用线圈结构的改变或是另外编入一些色纱、辅助纱等形成的花色针织物。

针织物分为纬编针织物和经编针织物。纬编针织物分为纬编基本组织和纬编花色组织。纬编基本组织分为单面的纬平针组织、双面的罗纹组织、双反面组织和双罗纹组织。经编针织物有经平组织、经缎组织、经绒组织等。

由于纬编针织物在针织服装中的应用更为广泛,以下主要介绍纬编针织物的基本组织结构。

2.2.1 纬平针组织

纬平针组织又称平针组织,是纬编针织物中最简单、最基本的单面组织。它是由连续的单元线圈向一个方向串套而成(图 2-5)。纬平针组织是针织物中应用最广泛的一种组织结构。

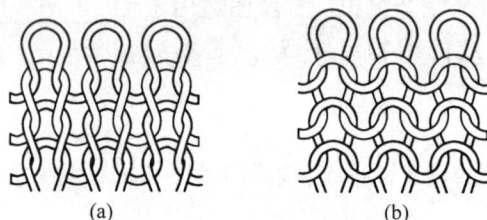

图 2-5 纬平针组织线圈结构图
(a) 正面线圈;(b) 反面线圈

平针针织物正反面的区别是:正面外观是纵行条纹,反面外观是横向圈弧。纬平针组织的两面具有不同的外观,正面的每一线圈具有与线圈纵行配置成一定角度的圈柱,反面的每一线圈具有与线圈横列同向配置的圈弧。由于它的正面比反面对光线散射的作用小,所以平针针织物的正面比反面要光亮些。

平针针织物的四个主要特征是纬斜性、脱散性、卷边性和延伸性。平针针织物很容易脱散,为了降低它的脱散性,在进行缝纫时,就需要把织物的边缘缝得牢固。卷边性会影响针织物的美观,如果采用弹性好、组织紧密的纱线,卷边性就会更大一些。平针针织物的横向延伸性比纵向延伸性大得多。

2.2.2 罗纹组织

罗纹组织是双面纬编针织物的基本组织,它是由正面线圈纵行和反面线圈纵行以一定组合相间配置而成。罗纹组织的种类很多,常用 n_1+n_2 表示,n_1 表示一个循环中正面线圈的纵行数,n_2 表示一个循环中反面线圈的纵行数,如 1+1、2+1、2+2、2+3、5+3、5+8 罗纹等。罗纹组织的织物具有横向延伸性和弹性较好的特点。当 $n_1=n_2$ 时,不会出现卷边现象,其抗脱散性优于平针织物。1+1 罗纹组织的线圈结构图和编织图如图 2-6 所示。

罗纹针织物的正面和反面都呈现正面线圈的外观,但正面更清晰。罗纹针织物具有四个主要特征,除脱散性、卷边性和延伸性以外,还具有弹性。用在裤口、领口和袖口的罗纹口,为增加其坚牢度并进一步提高弹性,常采用一根棉纱与一根锦纶丝交织的方法。由于锦纶丝不但耐磨性居所有纤维的首位,而且弹性特别好,用棉锦交织的纱线所织制的罗纹口具有良好的弹性和牢度。在一般情况下,罗纹针织物的横向延伸性比平针针织物大一倍。

1+1 罗纹组织的织物分为满针罗纹织物(四平织物)和单罗纹织物两类。满针罗纹织物是由横机或圆机上两个针床幅宽内的所有织针均参与工作所编织而成,如图 2-7 所示。

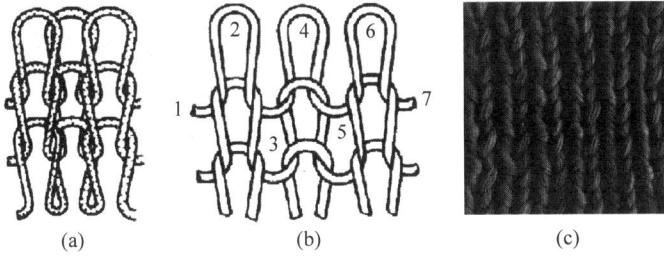

图 2-6　1＋1 罗纹组织的线圈结构图和编织图

（a）自然状态；（b）横向拉伸；（c）实物图

单罗纹织物是由横机或圆机上两个针床幅宽内的织针 1 隔 1 参与编织而成。满针罗纹织物比单罗纹织物紧密、厚实、幅宽较宽、横向弹性较好，但横向延伸性较小。

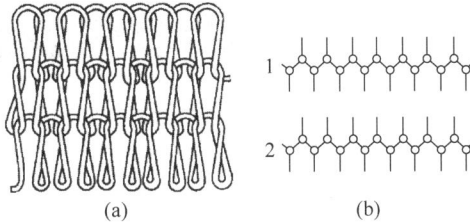

图 2-7　满针罗纹组织线圈的结构图和编织图

（a）结构图；（b）编织图

2.2.3　双罗纹组织

双罗纹组织，俗称棉毛组织，是由两个罗纹组织彼此复合而成的罗纹组织的变化组织（图 2-8）。双罗纹针织物就是以双罗纹组织为组织结构的针织物。

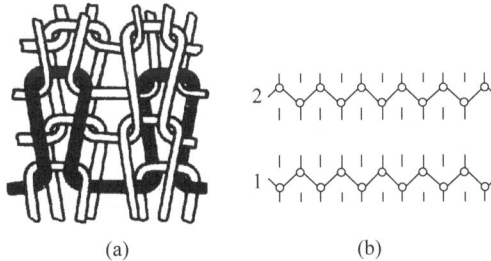

图 2-8　双罗纹组织线圈的结构图和编织图

（a）结构图；（b）编织图

由于一个罗纹组织的反面线圈纵行被另一个罗纹组织的正面线圈纵行所遮盖，双罗纹针织物的两面，在外观上都呈现正面形状，又称双正面组织。它的主要特征除具有延伸性、弹性和较小的脱散性（因为是由罗纹组织复合而成的）外，由于它的两层线圈之间有一定的空隙，还具有较好的保暖性。

双罗纹针织物质地紧密，表面平整、光洁，牢度好，不易起毛起球，只可逆编织方向脱散，且当个别线圈断裂时，会受到另一个罗纹组织线圈摩擦的阻碍，因而抗脱散性较好，无卷边现象,其延伸性、弹性比罗纹针织物小。

双罗纹针织物也叫棉毛布或是双面布。它的种类较多,有染色棉毛布、本色棉毛布、精练棉毛布、保温层棉毛布、抽条棉毛布、夹色棉毛布和雪花棉毛布等。

2.2.4 双反面组织

双反面组织是双面纬编组织中的基本组织,是由正面线圈横列和反面线圈横列相互交替配置而成。1+1双反面组织由一横列正面线圈与一横列反面线圈交替配置而成(图2-9)。

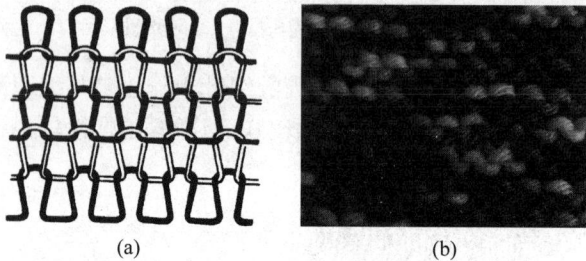

图 2-9　1+1双反面组织
(a) 线圈结构;(b) 实物图

线圈的倾斜,使双反面织物的两面都是线圈的圈弧凸出在外面,而圈柱凹陷在里面,因而在织物的正反两面看,都像纬平针组织的反面。由于线圈的倾斜,使织物纵向缩短,增加了织物的厚度及纵向密度,在纵向拉伸时具有很大的弹性和延伸度,从而使双反面组织具有纵横向延伸度相近的特点。双反面组织的卷边性随正面线圈横列和反面线圈横列的组合不同而不同,如1+1双反面、2+2双反面,这种由相同数目正反面线圈组合而成的双反面组织因卷边力相互抵消,不会产生卷边。

因此,双反面组织的织物一般纵向缩短,厚度和密度增加,纵向具有较大的弹性和延伸性,并且少有卷边现象,是设计毛衫外衣的理想织物。

双反面组织一般采用双头舌针,在针床为水平配置的双反面横机上编织而成。

2.3　在针织服装中常用的花色组织

由于纬编针织物在针织服装中应用较多,本书主要介绍纬编针织物的花色组织。

纬编针织物的花色组织是采用各种不同的纱线,按照一定的规律编织出的各种结构不同的线圈而形成的。各种不同的线圈结构形成了不同的花色组织,常见的为提花组织、集圈组织、纱罗组织、波纹组织、添纱组织、毛圈组织、衬垫组织、菠萝组织、衬经衬纬组织等。

2.3.1　提花组织

提花组织是将不同颜色的纱线垫放在按花纹要求所选择的某些针上进行编织成圈而形成的一种组织。提花组织所形成的花型具有逼真、别致、美观大方、织物纹路清晰等特点。提花组织可分为单面提花和双面提花两类。按纱线颜色数量可分为两色提花、三色提花、四色提花等。

1. 单面提花组织

单面提花组织是在横机或圆机的单针床上形成的提花组织,可分为有虚线提花组织和无虚线提花组织两种。

单面有虚线提花组织(jacquard)是指织物反面有虚线(又称浮线)存在的单面提花组织(图 2-10)。提花编织时,在每一横列中被选中的某些织针沿着三角轨道运动,钩取由机头带入的色纱,未被选中的织针不参加编织,纱线就浮在织物的反面,直到织针被选择编织为止。这样每一横列由几种颜色的线圈组成,就有几种颜色的纱线浮在织物的反面。单面有虚线提花组织与其他单面组织相比,横向延伸性小,脱散性小,易勾丝,织物较厚,有良好的花色效应。

单面无虚线提花组织又名嵌花组织(intarsia),此类组织的反面无浮线,因而显得更加精致简约(图 2-11),适用于羊绒、美利奴羊毛等高级原料。

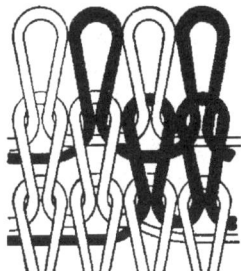

图 2-10 单面有虚线两色提花组织

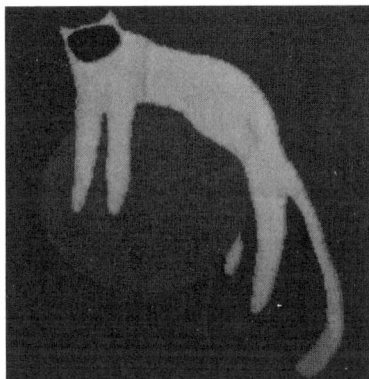

图 2-11 嵌花组织样片

嵌花组织在全自动横机上常采用分段选针、分梭喂纱、半混针交接的方法织成;在手动横机上也可靠手工垫纱编织。在全自动计算机横机上形成嵌花织物的一个先决条件是机器要具有改变线圈横列形成方向的性能。在横机上编织嵌花织物具有得天独厚的优势,其主要原理是:在编织过程中,改变导纱器的移动范围,即每种纱线的导纱器只能在自己的颜色区域内垫纱,垫纱结束后,将导纱器留下,直到下一横列机头返回时再带动编织。在下一个颜色区域的边缘,另一个导纱器继续编织这一横列。

在 STOLL 计算机横机上编织嵌花组织,首先通过 M1 PLUS 进行工艺建模,然后在计算机横机上进行编织。如图 2-11 所示的 M1 PLUS 工艺建模过程见视频 2-1,计算机横机编织过程见视频 2-2。

视频 2-1 嵌花组织 M1 PLUS 工艺建模

视频 2-2 嵌花组织计算机横机编织

嵌花织物与单面有虚线提花织物相比,具有布面平整、无重叠线圈、无浮线(即较大地减少了勾丝现象的发生)、延伸性好、重量轻、配色多等优点,但也存在编织机械较复杂、编织效率较低的缺点。

2. 双面提花组织

双面提花组织是在横机或圆机双针床上形成的提花组织(图 2-12),根据其反面组织的不同,可分为完全提花组织和不完全提花组织。在每次垫纱编织时,所有后针床的织针都参与编织而形成的双面提花组织称为双面完全提花组织。在每次垫纱编织时,后针床的织针不完全参与(一般为 1 隔 1 参与)编织而形成的双面提花组织称为双面不完全提花组织。

双面提花组织与单面提花组织相比更厚实和平整,保暖性更好,适合用于秋冬针织衫。在双面提花组织的基础上增加局部拉毛处理可使织物肌理更丰富,如图 2-13 所示。

图 2-12　双面提花组织细节图

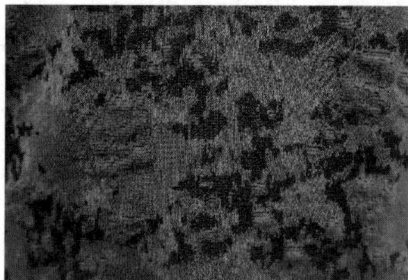

图 2-13　双面提花组织局部拉毛处理细节图

2.3.2　集圈组织

在针织物的某些线圈上除套有一个封闭的旧线圈外,还有一个或几个未封闭的悬弧,这种组织称为集圈组织(图 2-14)。

使用集圈的不同排列和使用不同色彩的毛纱,可使织物表面具有图案、闪色、孔眼、凹凸等花色效应。

畦编组织:又称鱼鳞组织,俗称元宝针,一般是在横机上以罗纹组织为基础,采用无脱圈法编织的集圈织物,有半畦编和全畦编两种,图 2-15 所示为全畦编组织的线圈结构图和实物图。

半畦编组织又称单鱼鳞组织,俗称单元宝针。全畦编组织又称双鱼鳞组织,俗称双元宝针。

半畦编组织的正面有鱼鳞效果;全畦编组织的两面一样,均有鱼鳞效果。在畦编组织的编织中,还可采用抽条、扳花等增加花型。畦编组织具有厚实、柔软、悬垂性好、外形美观等优点。

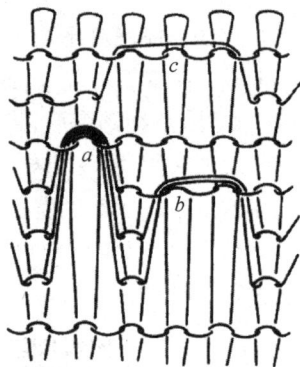

图 2-14　集圈组织的线圈结构

2.3.3　纱罗组织

纱罗组织,又称移圈组织,是在纬编基本组织的基础上,按照花纹要求将某些线圈进行

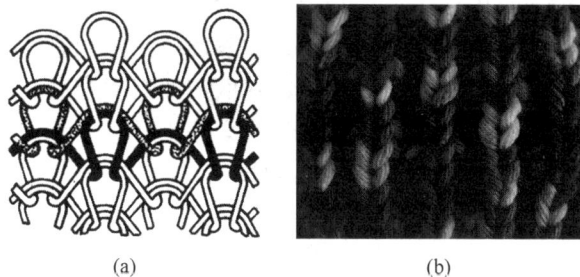

图 2-15 全畦编组织的线圈结构图和实物图

(a) 线圈结构图；(b) 实物图

移位而构成的组织。由于线圈移位的方法不同,移圈组织所产生的花色效果也不同,一般分为挑花组织和绞花组织两种。

1. 挑花组织

挑花组织又称挑孔组织、挑眼组织或空花组织,是在纬编基本组织的基础上,根据花型要求,在不同针、不同方向进行线圈移位,构成具有孔眼的花型,如图 2-16 所示为挑花组织的线圈结构图。

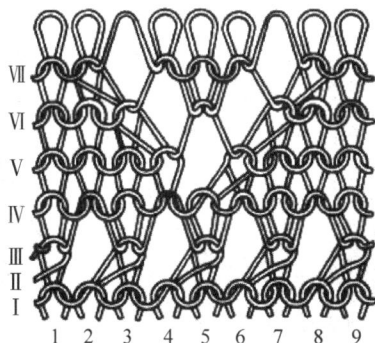

图 2-16 挑花组织的线圈结构图

挑花组织具有轻便、美观、大方、透气性好的特点,适合春夏装设计。

2. 绞花组织

绞花组织的织物(俗称绞链棒、麻花织物)也称拧花移圈织物,是根据花型要求,将某些相邻织针上的线圈相互移位而成。图 2-17 所示为 2×2 向左绞花组织的线圈结构图。

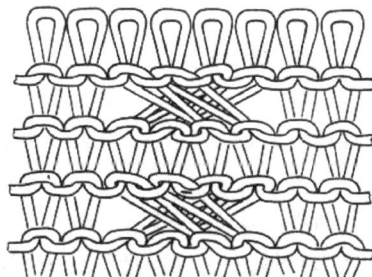

图 2-17 2×2 向左绞花组织的线圈结构图

绞花组织分为单面绞花组织和双面绞花组织两种。单面绞花组织是具有单面线圈结构的绞花组织，一般在横机或圆机的单针床上编织。双面绞花组织是具有双面线圈结构的绞花组织，一般在横机或圆机的双针床上编织。在双面绞花组织中有一类至今仍盛行不衰的古老花型——阿兰花型。阿兰花型的名称源自其发源地阿兰岛——爱尔兰西面的一个岛屿，当地人常以绞花或菱形凸纹图案做各种排列设计，以象征不同的家族。图 2-18 所示为阿兰花型面料小样。

双面绞花比单面绞花花型变化更多，应用更广。无论是单面绞花还是双面绞花织物，一般都以粗针织物为主，比较厚实，外观呈现拧花效果，给人以粗犷豪放、充满青春活力之感。

2.3.4 波纹组织

波纹组织俗称扳花组织，是由倾斜线圈形成波纹状的双面纬编组织。其上的倾斜线圈是根据波纹花型要求，在横机或圆机上移动针床所形成（横机上以移动后针床为多），倾斜线圈按各种方式排列在织物表面，得到各种曲折花型和其他各种图案。图 2-19 所示为波纹组织的线圈结构图。

图 2-18 阿兰花型面料小样

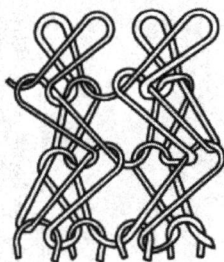

图 2-19 波纹组织的线圈结构图

以四平针抽条波纹组织为例，采用不完全的满针罗纹组织作为波纹组织的基本组织，横机的后针床呈满针排列，前针床采用二隔四的抽针方式排列，机头上三角全部参加工作。编织过程中，每编织一个横列线圈后，后针床向左移动一个针距（称半转一扳），共四次（即两转）。然后换向移动针床四次，以此重复循环，可获得凹凸的波纹状外观。

2.3.5 添纱组织

添纱组织是有规则地在原有组织的全部或部分线圈上再增加一根或两根纱线，从而使织物外观呈现出一定的花色效应的组织。采用添纱组织的目的是使织物正面和反面具有不同的色泽和性能或使织物表面有花纹效应，并可减少线圈的歪斜。添纱组织还可增加织物的耐磨性，适合做袖口或领口等。

添纱组织可分为素色和花色两类。素色添纱组织的所有线圈都是由两根或两根以上的纱线形成。处在织物正面的纱线称面纱，处在织物反面的纱线称地纱。花色添纱组织可分为交换添纱组织、架空添纱组织和绣花添纱组织等。交换添纱组织是根据花纹设计，在某些线圈上由地纱和面纱交替在织物正面编织，从而获得一定的花纹组织。绣花添纱组织的线

圈大部分是由一根地纱编织而成,根据花纹设计要求,面纱只在一枚针或相邻的几枚针上喂纱成圈,因此在绣花处是由两根纱线组成。

2.3.6 毛圈组织

毛圈组织是由平针线圈和带有拉毛沉降弧的毛圈线圈组合而成,一般有两根纱线参加编织。一根纱线编织地组织线圈,另一根纱线编织毛圈线圈。毛圈组织可分为普通毛圈组织和花色毛圈组织。在普通毛圈组织中,每一个毛圈线圈的沉降弧都形成毛圈,如图 2-20 所示。在花色毛圈组织中,可分为多色全幅提花毛圈和局部提花毛圈两种。前者的毛圈花型主要是由不同颜色纱线形成的图案;后者除色彩图案外,毛圈仅在一部分线圈中形成,因此织物的凹凸感强。

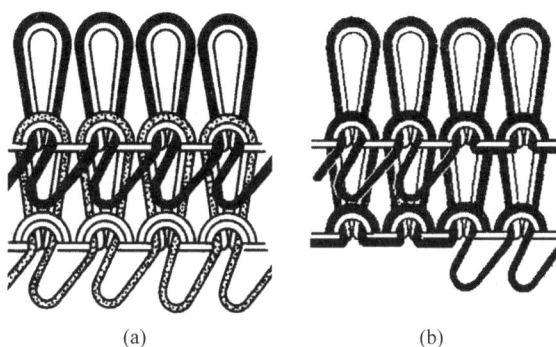

图 2-20 毛圈组织的线圈结构图
(a) 普通毛圈组织;(b) 花色毛圈组织

毛圈组织在使用中,由于毛圈松散在织物的一面,容易受到意外的抽拉,使毛圈产生转移,会破坏织物的外观。因此,为防止毛圈受到意外抽拉而转移,可将织物编织得紧密些,以增加毛圈转移时的阻力。

毛圈组织花型别致、手感丰满,具有良好的保暖性和吸湿性;织物柔软、厚实,适宜做开衫和套衫。

2.3.7 衬垫组织

衬垫组织又叫起绒组织,主要用于绒布生产,它是用面纱、地纱和衬垫纱(起绒纱)编织而成的织物。由于在拉毛过程中衬垫纱线成为短绒状,增加了织物的保暖性。

花色组织有的可以改变针织物的特性,有的可以美化针织物的外观,从而使针织品呈现多样化,提高了织物的服用性能。

2.4 常见针织物编织方法

2.4.1 局部编织

局部编织是指部分织针在某些横列处于休止编织状态,由于部分线圈在某些横列处于握持状态而产生非常丰富的外观效果(图 2-21),由于局部编织变化丰富、自由灵活、肌理特别,从而应用广泛。

图 2-21 所示局部编织样片的 M1 PLUS 工艺建模过程见视频 2-3。

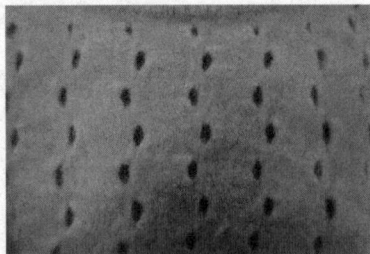

图 2-21　局部编织样片

视频 2-3　局部编织 M1 PLUS 工艺建模

2.4.2　褶裥编织

在计算机横机上通过局部编织工艺的设定,可以编织出非常好看的褶裥,如图 2-22、图 2-23 所示。

图 2-22　自然褶裥半身裙三色拼接图

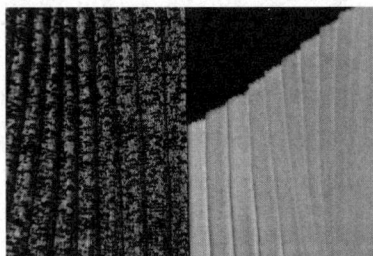

图 2-23　三色褶裥拼接细节图

图 2-22 所示褶裥半身裙计算机横机编织和衣片整烫过程见视频 2-4。

视频 2-4　褶裥半身裙计算机横机编织和衣片整烫

第3章 针织纱线的创意设计

众所周知,在针织服装设计中除色彩这一通用设计元素外,纱线设计是针织服装的第一元素。针织服装的创意更多体现在纱线的应用方面,选择有表现力的纱线是一件针织服装设计成功的一半。纱线的丰富肌理与外观赋予一件普通的针织服装独特的个性与魅力(图 3-1)。在针织服装的设计领域中,纱线的流行趋势必然成为针织服装设计的先导。

图 3-1　精美绝伦的花式纱线为针织服装锦上添花

针织服装具有广阔的创作空间。设计师应对纱线的发展潜力和可塑性，以至针织机的性能都有足够的认识，才能把创意发挥得淋漓尽致。对纱线的敏感度影响设计者的创作状态，了解纱线成分，观察其在空间的结构、毛感、蓬松状态等，成为创作新型针织服装的重要因素。根据原料或原始纱线提炼、创作符合主题的新型针织服装，这一过程非常具有趣味性，从中可以不断收获惊喜。要想了解针织面料的特性，分析不同成分的纱线、纱支必不可少，对纱线的这一认识过程可能会很枯燥，但由此产生的创意会将思维带入活跃的空间，从而加深对针织面料可塑性的了解。

3.1 常规纱线种类及其设计

3.1.1 常规纱线种类

针织原料分为天然纤维和化学纤维两大类。天然纤维包括羊毛、羊绒、羊驼毛、马海毛、兔毛、桑蚕丝、柞蚕丝、绢丝、油丝、棉、亚麻、苎麻等，化学纤维包括黏胶、涤纶、腈纶、锦纶等传统化纤和天丝(tencel)纤维、氨纶、莫代尔(modal)纤维等新型化纤。对本书中的针织原料常用术语归纳如表 3-1 所示。

表 3-1 针织原料常用术语一览表

代　码	中　文	英　文
WO	羊毛	wool
AC	聚丙烯腈纤维(腈纶)、亚克力纤维	acrylic
CO	棉	cotton
MO	马海毛	mohair
CM	山羊绒	cashmere
RA	人造丝	rayon
LA	羊仔毛	lambswool
VI	黏胶	viscose
NY	尼龙/聚酰胺纤维	nylon/polyamide fiber
PO	聚酯纤维(涤纶)	polyester
MC	丝光棉	mercerized cotton
RM	苎麻	ramie
LI	亚麻	linen
SI	丝	silk
H. T. Cotton	强捻棉	high twist cotton
—	油丝(丝的残渣)	silk noil
AN	安哥拉兔毛	angora
—	兔绒	dehair angora
MW	美丽诺羊毛	nerino wool
—	超细羊毛	extrafine wool
—	丝光防缩羊毛	washable wool
AL	羊驼毛	alpaca
CA	驼毛	camel

代　码	中　文	英　文
SL	雪兰毛	shetland
—	聚氨酯纤维（氨纶）	polyurethane
LU	闪光纱/金银线	lurex
LA	莱卡（弹力丝）	lycra
DA	仿羊绒	dry acrylic
CC	精棉	combed cotton
—	柞蚕丝（野生丝）	tussah silk
—	醋酸	acetate

3.1.2　从常规纱线的性能入手进行设计

针织服装设计师在设计中如能巧妙利用纱线的性能，往往会收到意想不到的效果。

1. 利用天然纤维的本色外观与舒适手感

采用最为简单的纬平针组织结构，利用纱线本身固有的特色、本色外观与舒适手感就可使织物获得丰富多变的外观效果。

天然纤维如棉纱、蚕丝、亚麻、苎麻、羊绒等，都具备浑然天成的特质。它们的可塑性亦相当高，可以打造成各种类型的时尚服饰，尽显高贵优雅，同时保留天然纤维独有的手感——舒适、细致。

1）纯棉纱线

纯棉纱线舒适柔软、吸湿透气，用棉纱织成的针织衫质朴大方，适合春夏穿着，如图 3-2 所示。

2）亚麻纱线

亚麻纱线透气凉爽、轻盈柔软，用亚麻纱线织成的针织衫具有舒适、轻松、随意的质感，非常适合夏季穿着，如图 3-3 所示。

图 3-2　纯棉圆领短袖针织套衫

图 3-3　亚麻 POLO 领短袖针织套衫

3）蚕丝纱线

蚕丝纱线光泽优雅、手感顺滑，用蚕丝纱线织成的针织衫高雅耐看，是好品位的代名词，如图 3-4 所示。

4）羊毛纱线

羊毛纱线保暖性好、外观精致，用羊毛纱线织成的毛衣是秋冬的必备单品，一直受到消费者的青睐，如图 3-5 所示。

图 3-4　蚕丝针织长裙

图 3-5　纯羊毛圆领针织套衫

5）羊绒纱线

羊绒有"软黄金"之称，兼具轻柔与保暖的特性，用羊绒纱线织成的羊绒衫触感极佳，在秋冬穿着尽显低调奢华，如图 3-6 所示。

图 3-6　拼色圆领羊绒衫

2. 采用同质不同粗细纱线的组合

将同样质地、不同粗细的纱线,合理分布在同一款式服装的不同部位,展示出设计的节奏与旋律(图 3-7)。

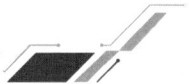

图 3-7　由于纱线粗细不同,面料表面产生疏与密、凹与凸的变化

3. 采用不同质同粗细纱线的组合

用不同质地、相同粗细的纱线(也可不同粗细)合理地编排,由于不同质地的纱线光泽、质感不同,可以达到丰富的视觉效果(图 3-8)。

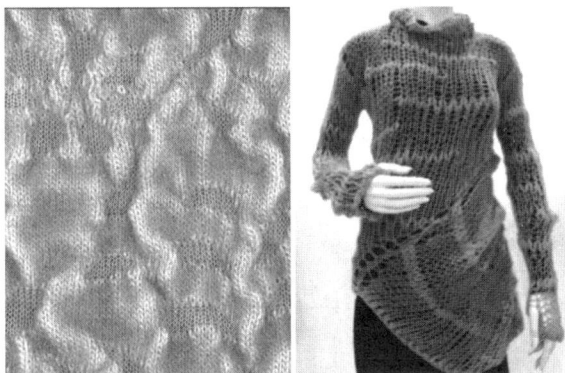

图 3-8　由于纱线质地不同,面料表面产生不同闪光效应

4. 采用不同缩水率纱线的组合

将不同缩水率的纱线穿插应用在针织服装中,采用最简单的纬平针组织编织后经过缩水处理,缩水率小的纱线区域会凸起,缩水率大的纱线区域会缩紧,便可产生自然的凹凸效果。

5. 认识纱线

充分认识纱线并了解纱线的标准和纺纱的知识,是进行针织服装设计与熟练制定织造工艺的基础,这需要实践经验的充分积累和用心学习,有关纱线的知识可观看视频 3-1～视频 3-3。

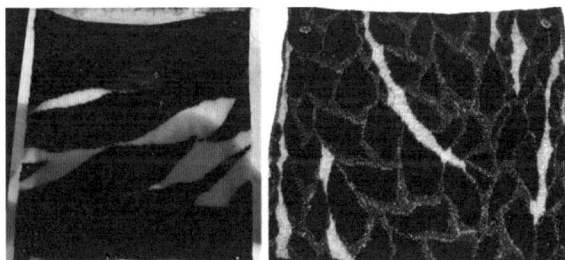

视频 3-1　认识纱线　　　　视频 3-2　纱线标准　　　　视频 3-3　纱线知识

3.2 花式纱线及其设计

花式纱线是指在纺纱和制线过程中采用特种原料、特种设备或特种工艺,对纤维或纱线进行加工而得到的具有特殊结构和外观效应的纱线,是纱线产品中具有装饰作用的一种纱线。几乎所有的天然纤维和常见化学纤维都可以作为生产花式纱线的原料,如蚕丝、绢丝、人造丝、棉纱、麻纱、合纤丝、金银线、混纺纱、人造棉等。各种纤维可以单独使用,也可以相互混用、取长补短,充分发挥各自的特性。

3.2.1 花式纱线的种类

花式纱线在原料选用、颜色搭配、花型变化及工艺参数选择上潜力很大,有助于花式纱线品种的增多。目前国际上对花式纱线尚无统一的分类方法,以表现形式的不同,大致可以分为以下三类。

第一类为普通花式纱线,是利用纺纱机超喂或捻线原理得到的具有不规则的几何截面、纱线结构等外观特征的纱线,主要有圈圈纱、螺旋纱、竹节纱、结子纱、雪花纱、珠圈纱等,图 3-9 所示为竹节纱和圈圈纱。此类纱线织成的织物手感蓬松、柔软、保暖性好,且外观风格别致,立体感强,既可用于轻薄的夏季织物,又可用于厚重的冬季织物,既可做服装面料,又可做装饰材料。

(a)　　　　　　　　(b)

图 3-9　竹节纱和圈圈纱

(a) 竹节纱;(b) 圈圈纱

第二类为花式纱线(图 3-10),是指按一定比例将彩色纤维混入基纱的纤维中,或通过染色的方法,使纱线上呈现鲜明的长短、大小不一的彩段、彩点的纱线,如彩点线、彩虹线等。这种纱线多用于女装和男夹克衫。

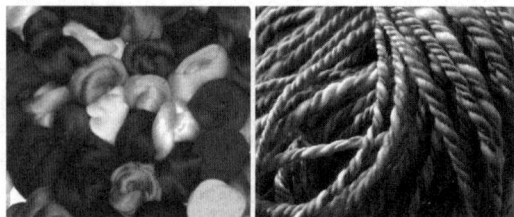

图 3-10　花式纱线

第三类为特殊花式纱线,主要是指金银纱、雪尼尔纱等(图 3-11)。金银纱是将铝箔镀在涤纶薄膜上或蒸着在涤纶薄膜上再经切割得到的。它既可用于织物,也可用作缝纫线,使

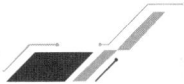

织物表面光泽明亮。雪尼尔纱是一种特制的花式纱线,即将纤维握持于合股的芯纱上,状如瓶刷。其手感柔软,广泛用于手工毛衣,具有丝绒感。

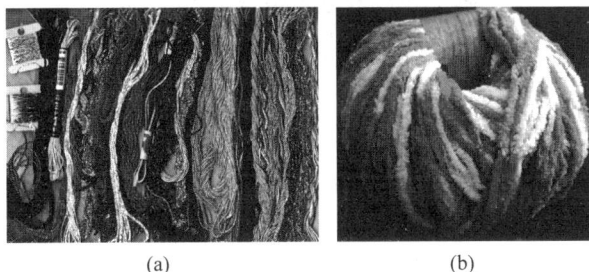

(a)　　　　　　　　　　　　(b)

图 3-11　金银纱和雪尼尔纱

（a）金银纱；（b）雪尼尔纱

3.2.2　花式纱线在针织产品中的设计运用

花式纱线的结构决定了它在强度、耐磨性方面不如普通纱线,容易起毛起球和勾丝,但在外观表现方面却优于普通纱线,可通过制造各种花型、搭配各种色彩而得到新颖别致的外观效果。花式纱线织物近年来非常流行,在面料和服装中使用花式纱线已成为一种时尚,如应用在针织服装、时装面料织物、手编绒线织物,此外花式纱线在床上装饰用品、室内装饰织物、墙面装饰织物、家具装饰织物等方面也有广泛应用。花式纱线及其织物已成为国际、国内纺织市场上的一枝新秀,受到越来越多商家和消费者的关注。

1. 手编绒线织物

手编绒线织物在国际上使用范围相当广,既可用于室内装饰也可用于家具装饰、台面装饰,现已发展成为男女日用衣着等装饰用品。如采用纱线花纹、纺纱花纹等花式绒线手编而成的棒针编结品种、钩针编结品种,是具有高贵气质的艺术品,在国际上已普遍应用于服饰和装饰方面。手编绒线织物的品种有手套、装饰用围巾、花式绒线外套、马甲等,图 3-12 所示为采用花式纱线编织的手套和围巾。

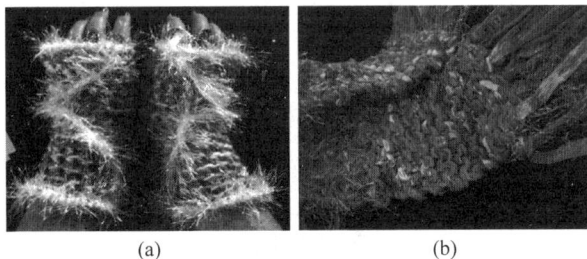

(a)　　　　　　　　　　　　(b)

图 3-12　花式纱线编织的手套和围巾

（a）手套；（b）围巾

2. 时装面料织物

在国际上,将花式纱线用于男女时装面料,已越来越被人们所青睐,特别在欧美国家,更是以此为时尚。采用花式纱线生产的时装与一般纺织纱线时装不同,具有肌理效果丰富、辨识度高的特点。特别是在当前时装面料更时尚、流行时间更短的情况下,采用花式纱线编织的时装已被许多设计师及品牌所注重(图 3-13)。

图 3-13　用花式纱线编织而成的风格独特的针织服装

3. 室内装饰织物

大量的高档室内装饰织物用花式纱线织制,产品如窗帘类织物,包括钩边、经编、烂花、印花、提花窗帘等(图 3-14)。

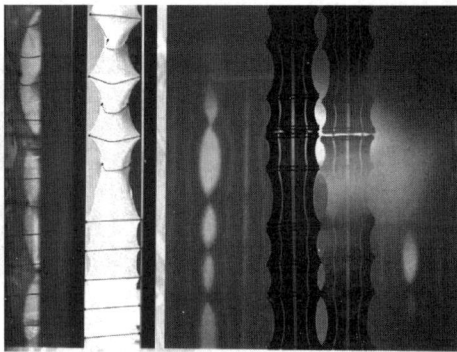

图 3-14　风格前卫的室内装饰织物

4. 家具装饰织物

主要用带有粗节结构花纹的花式纱线织成的家具装饰织物,在欧洲一些国家和美国较为流行。这类织物用途广泛,主要用于各类家具的装饰面料,如沙发面料、靠垫面料、座椅面料、屏风用材料以及各类家具的装饰。

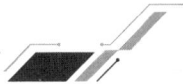

3.2.3 花式纱线在针织服装中的设计运用

花式纱线具有美观、新颖的特点。粗细不同、风格各异的花式纱线有机结合,在面料中有起点缀、勾勒作用的,有做色彩渲染的,有改变表面风格的,有打造特殊手感的。针织服装设计可以利用花式纱线的这些特性,营造出有别于一般纱线的特殊质感。

花式纱线在运用时产生的不同效果如表 3-2～表 3-4 所示。

表 3-2 富有层次感和渐变色彩的花式纱线时装

类　别	图　片
纱线图	
成衣效果图	

说明点评:这种花式纱线在颜色和形态上都是特殊的,它在一根主线上织出了许多分支,产生复杂、华丽的视觉效果,底线和衍生的线色彩不一,使制作的成衣更富有层次感和变化。随着穿着者的走动,还能产生动感的效果,这是普通纱线无法达到的

表 3-3　采用夸张的大肚纱织成的具有戏剧效果的时装

类　　别	图　　片
纱线图	
成衣效果图	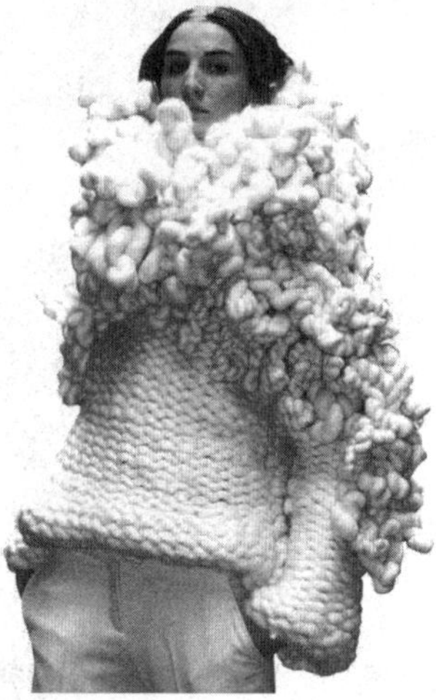

说明点评：这是比较夸张的大肚纱，比一般的结子纱更加膨胀，设计师将这种大肚纱大胆地运用到整件衣服的上半部，十分具有立体感、雕塑感和戏剧效果，给人很强的视觉冲击。使用这种花式纱线制作的成衣，会让人觉得十分厚实、温暖，体现出粗犷的设计风格

表 3-4　华丽蓬松的花式纱线仿毛皮时装

类　　别	图　　片
纱线图	 

类　　别	图　　片
成衣效果图	

说明点评：这种花式纱线是几种花式纱线的组合,使制作的成衣效果十分丰富,既有蓬松的感觉,又有华丽的风格,远远看去,甚至会有毛皮的质感。使用这样的花式纱线,款式和针法都可精简,仅靠特殊的纱线就能达到惊艳的效果

第4章 针织面料的创意设计

4.1 基于纱线与组织结构的针织面料设计

　　针织面料的组织结构千变万化,要想成为一个出色的针织时装设计师,一定要对针织面料的组织结构熟练掌握,并了解组织结构与纱线特征、服装款型之间的对应关系。例如,什么样的组织结构适合用什么样的纱线表现;什么样的服装款式应采用什么样的组织结构;以及不同组织结构之间的搭配使用,即对针织面料虚与实、疏与密、透与露的把握。如果整件服装都采用透孔、集圈、架空等花色组织,就显得过于累赘,而且费工费时;如果在服装上采用少量的花色组织,并与平针组织结合使用,既能达到审美要求,又省时省事,而且非常经济。

4.1.1 纬平针组织

　　纬平针组织是针织面料中最简单的组织,通过纱线和色彩的变化即可获得丰富多变的效果(图 4-1)。

图 4-1　纬平针组织面料小样

4.1.2 罗纹组织

　　设计师在采用罗纹组织时可从三个方面入手:一是采用质朴简洁的 1×1 罗纹、2×2 罗

纹等,其具有合体、修身的特性,可产生纵向凹凸条纹(图 4-2),形成自然的纵向分割线,有拉长身形的视觉效果;二是采用不同宽窄罗纹的组合,产生活泼跳动的节奏感;三是借鉴梭织时装中斜裁的方法,将罗纹织物沿不同方向排列组合,产生生机勃勃的流线感。

图 4-2 罗纹组织面料小样

4.1.3 正反针的组合

正反针的组合有两种做法,一是按意匠图组合,形成不同的具象花型,如枫叶、小鸟、十字等;二是采用正反针大块面的组合,通过凹凸感(正针凹、反针凸)形成面的分割(图 4-3)。

图 4-3 正反针组合面料小样

4.1.4 双反面组织

双反面组织通过正面线圈横列与反面线圈横列不同比例的配置,使反面线圈横列突出形成横向分割线,如配合粗纱线使用,可产生粗犷原始的效果(图 4-4)。

图 4-4 双反面组织面料小样

4.1.5 绞花组织

通过相邻线圈互相移位形成的绞花组织的肌理效果非常独特(图 4-5),是设计师偏好使用的组织结构。纱线越粗,移位线圈数目越多,扭曲效果越强烈。目前,绞花组织以其富有冲击力的独特视觉效果受到青睐,尤其流行绞花拼平针或罗纹组织等织纹对比强烈的款式。

图 4-5　绞花组织面料小样

4.2　基于肌理再造的针织面料设计

在针织服的设计中,肌理设计已成为针织服装设计的重要因素,设计师不断地挖掘和再造,创新的肌理设计成为针织服装设计的趋势,肌理设计的巧妙运用也使针织服装越发丰富多样。

针对肌理所做的设计常常可以为针织面料再造赋予新灵感,而面料的处理将会有助于一件针织服装的风格和可能采用的造型的确定。建筑材料、有机物形状的图片可能会对针织肌理和面料再造技法的灵感启发有所帮助,如打褶的表现手法等。

4.2.1　肌理设计的含义

服装肌理是指服装表面的纹理效果。服装材料的质地与肌理,都是由纤维原料与组织结构所形成的外观效果。但二者也有所不同,肌理包括质地,主要是人为的质地,目的是增强质地的艺术感染力,使材料方面的艺术特点都能充分地表现。肌理设计可以分为两大类:一是视觉肌理设计,二是触觉肌理设计。适当地应用肌理效果,能丰富和表现设计的构思,使其具有强烈的装饰性。

1. 视觉肌理设计

视觉肌理是用眼看而不用手摸就能感觉到的,其是通过肌理设计中运用不同图案和纹样、不同题材风格、不同的表现形式形成的视觉美感,有助于丰富肌理设计艺术的装饰表现形式。例如,水纹在玻璃上流动的形态、鹅卵石的纹理等,其造型特殊别致,表现肌理奇特有趣,呈现出不经雕刻的浑然天成的自然美。或者人为创造的各种风格的抽象画面,通过提取形态的本质、精髓和外部特征,形成了更丰富、更精练、更单纯的现代视觉语言,是艺术形态的最高境界。

2. 触觉肌理设计

触觉肌理是通过触摸能感觉到的肌理。它给予人们不同的心理感受,如粗糙与光滑、软与硬、轻与重等。就触觉肌理设计而言,除了新材料是由于内部织造形成肌理效果以外,一般是对现有的面料进行再创造性地设计加工,使其表面产生新的肌理效果,丰富材质的层次感。

4.2.2　针织服装的面料肌理设计

在现代针织服装设计中,针织面料的肌理设计已被广泛应用。强调面料本身的艺术设计,丰富其表面的肌理效果是设计师出奇制胜的法宝。然而,一件完美的作品,不仅需要面料肌理的独特处理,更需要把各种元素贴切地组合搭配在一起,以达到服装效果的整体和谐。

1. 设计不同肌理风格的面料

1)起绒效果的面料

在设计起绒效果的面料时,必须充分考虑针织面料本身特有的属性,如利用附加纤维或纱线与地纱一起编织的长毛绒组织织物,具有丰盈松软的绒毛效果;密度较小的提花毛圈织物,经剪毛可形成起绒效应;织物经局部植绒,能使表面产生绒毛;各种平纹、罗纹织物经单面磨绒,能在织物表面形成细微绒毛;提花毛圈经剪毛、磨绒能产生绒毛效果;衬纬织物经拉毛、磨绒,能使织物具有浓密的绒毛效果。图 4-6～图 4-8 所示为常见的绒毛效果面料。

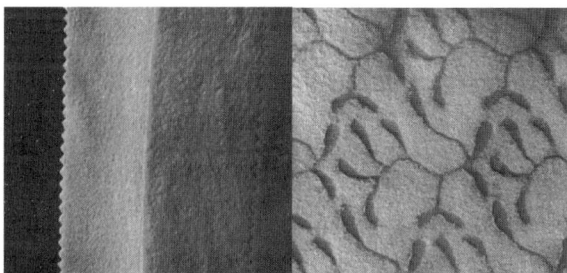

图 4-6　摇粒绒面料

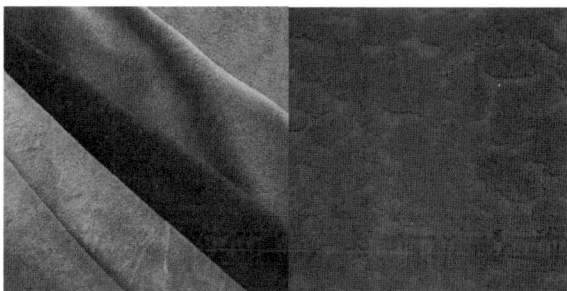

图 4-7　天鹅绒面料

2)凹凸效果的面料

利用不同材质的纱线交织成织物,能产生凹凸效果;将抽条组织与集圈组织有机结合

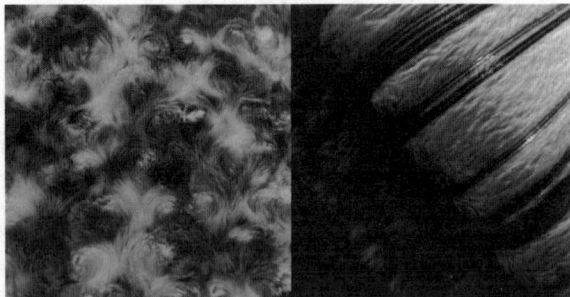

图 4-8　长毛绒面料

或多次集圈,由于集圈线圈抽紧而使相邻线圈凸出在织物表面,也能产生凹凸效果;不同粗细的花式纱线组合或特粗花式纱线与一般纱线组合,能使提花织物具有很强的立体感(图 4-9);还可以利用正反针的组合打造立体肌理。

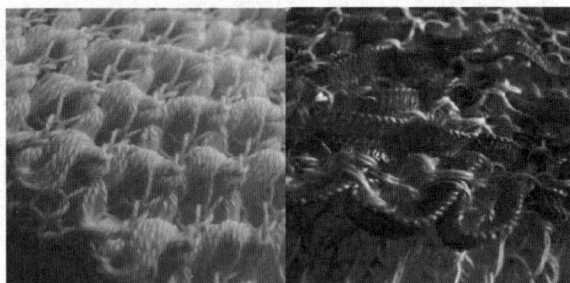

图 4-9　花式纱线组合效果

3)透明效果的面料

透明效果的面料往往能够使针织服装具有透视的肌理效果,因此在设计此类肌理效果的面料时可以在局部采用细旦涤纶、锦纶长丝,使针织面料在局部呈现薄透感;利用成圈和浮线的交替,且局部浮线较长较多,可使面料局部产生相对的薄透效应;运用电子选针编织的脱圈网眼、移圈及连续集圈等组织结构形成的孔眼,可使面料具有薄透效应;利用绣花、烂花等后整理工艺,也能使面料具有局部薄透效应;运用纱线不同的光感、细度、颜色和材质的对比,同样能够使面料产生透明的肌理效果,如图 4-10 所示的透明效果的面料。

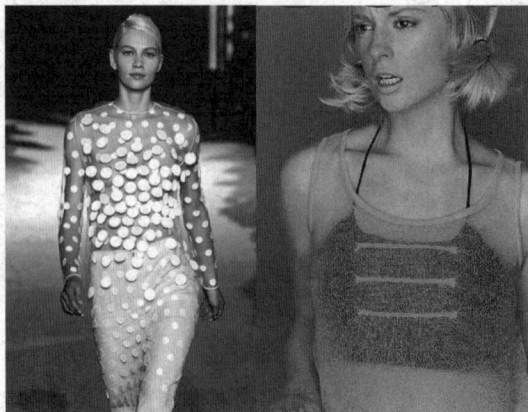

图 4-10　透明效果的面料

4）镂空网眼效果的面料

对于针织服装,其面料的特殊性使得镂空网眼的肌理效果别具一格,不同于其他面料的镂空网眼,针织面料的质地和组织结构等特性能营造出夸张多变的肌理效果,例如,利用罗纹集圈、双罗纹集圈做出的网眼效应。镂空类面料(网眼织物)不同于透明面料,它是依靠自身的底色衬托出本身的造型,色彩一般要与底色形成一定的距离感。镂空的面料本身就是一种图案化的造型,通常强调凸出的部分。镂空网眼面料与其他材料相搭配产生主次关系,效果如图 4-11 所示。

图 4-11　镂空网眼面料制造透视效果

5）起皱效果的面料

不同于梭织面料的起皱效果,针织面料的起皱效果更具厚度感和立体感,如图 4-12 所示。利用不同收缩性能的纱线交织,可使织物具有起皱的效果;利用强捻丝的解捻趋势并配置不同紧度的结构,可使织物形成不同程度的随机性皱褶;利用单列或多列集圈组织的配置,可形成不规则起皱效果;采用单面浮线的配置,使织物中的线圈大小不一致,从而产生皱褶;利用花式纱线本身具有的波纹,可使整个面料产生均匀的起皱效果;利用花式纱线与非花式纱线在织物中的合理搭配,突显花式纱线特性,也可产生起皱效果。

图 4-12　起皱的肌理效果

6）金属感效果的面料

带有金属感的针织面料是近年来针织服装肌理设计中非常流行的元素，采用有光丝、金属丝等原料，可使面料具有闪光效果，如图 4-13 所示。经过涂层、轧光等后整理工艺，可使面料产生仿皮革的光泽效果，而烫金工艺可使织物表面具有局部闪光效果。

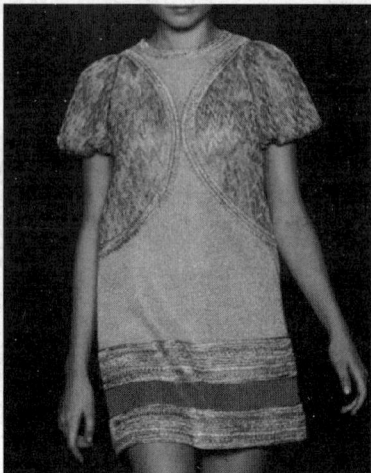

图 4-13　金属感面料的运用，可提升高贵感

7）卷边效果的面料

一般单面针织物的卷边效果比较严重，双面针织物则不易产生卷边效果。虽然针织面料的卷边会影响面料的剪裁、缝纫和使用，造成衣片的接缝处不平整或服装边缘的尺寸变化，但是有很多设计师在了解面料性能的基础上，巧妙地利用织物的自然卷边效果，在服装的领口、袖口处进行卷边设计，营造出不同的肌理效果，从而使服装具有特殊的风格。特别是在成形针织服装的编织中，还可以利用面料的卷边性形成独特的花纹肌理或者分割线，如图 4-14 所示。

图 4-14　卷边效果的面料

2. 面料肌理的组合搭配

对针织面料进行合理的肌理设计,力求产生不同的肌理效果,可以丰富设计内容,打破同一材质的单调、乏味之感,创造出意想不到的视觉效果。将品种、色彩相同但是针法织纹不同的针织面料进行镶拼,追求服装面料不同质感和肌理的对比与变化;将品种色彩都不同的针织面料进行镶拼,会取得丰富明快的肌理视觉效果;当针织面料的花样、品种、色彩都不相同而且运用多变的镶拼手法时,会使肌理设计富于变化。如在不同的部位使用不同的组织结构,打褶、毛球等多种变化的细节和丰富的面料肌理效果,可以使肌理丰富多样,如图 4-15 所示。

图 4-15　面料肌理的组合搭配

4.2.3　肌理设计在针织服装中的表现手法

改变针织面料的表面肌理形态,可使其形成浮雕和立体感,产生强烈的触摸感觉,表现手法包括并置、层叠、抽褶、包缠等。现代肌理设计有的用于整块面料,有的用于局部,从而与其他平整面料形成对比。无论应用哪种方法,都能使针织服装的肌理形态达到意想不到的效果。

1. 并置

并置法是将某一造型并列放置,产生新的造型。并置法不相互重叠,因而其基本造型仍清晰地保持原有特征。如图 4-16 所示,相同平针组织结构织物的并置增强了服装肌理的表现。并置法在肌理设计的运用中可以灵活多变,既可以平齐并置,也可以错位并置。并置以后,还可以根据设计对象的特点进行调整。

2. 层叠

层叠法是近年来肌理设计的一大热点,将几种拥有不同组织结构、不同颜色或不同材质的面料层叠复合使用,制造出新颖的投影效果和重叠效果。通过层叠的组合产生虚实的变化,包括单层与双层织物在不同位置的交替运用以及仅在某些部位产生重叠。层叠通常采用网眼类或通透类的针织面料,如图 4-17 所示,柔软随意地叠穿,通过色彩和面料间的叠加使服装产生丰富的层次感与美感,制造出投影和重叠的肌理效果。

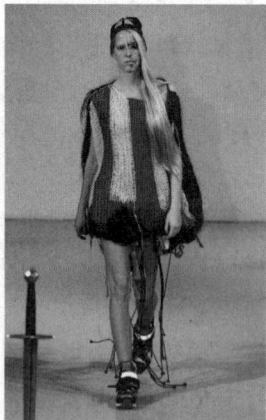

图 4-16　相同组织结构织物的并置
　　　　增强了服装肌理的表现

图 4-17　不同组织结构的织物进行层叠法设计，
　　　　使肌理具有立体效应的距离感

3. 抽褶

不同的抽褶方式可在服装的不同部位产生不同的特殊效果。如在胸部采用这种方式，既强调了女性的自然曲线，又富有新意。抽褶有胸前褶、肩褶、侧缝褶。将不同的裁片沿不同的方向进行抽褶、堆积、拉伸处理，可形成大量不同形状的褶皱和疏密相配、不同走向的密集线条。无规则的随机抽褶在服装表面形成类似浮雕的外观效果。一方面，抽褶增加了服装外形的层次感；另一方面，由于服装随人体的起伏、凹凸所呈现的线条的曲直、疏密与不同的方向感，创造出了线条的律动，给人以更强烈的视觉美感和更丰富的心理感受。

褶饰是将细密的折裥排列整齐，以一定的间隔机缝形成造型变化的装饰工艺。

1）褶皱

细褶皱是指折叠量小、分布较集中、细密、无明显倒向的褶。并不是所有针织物都可运用细褶皱，使用不当会适得其反。细褶皱用在轻薄柔软的针织面料上，会产生丰满、活泼、自由的立体视觉效果。

细褶皱常出现在如灯笼袖、裙边、袖口、领口等处荷叶边式的装饰，可产生动感，因此常用在柔美的女装中；还有在衣领、肩部、腰部、臀部等处，通过橡皮筋收缩或抽带形成的细褶皱，不仅富有装饰美感，还可以调节松紧，极具实用性。如今，许多设计师常用他们丰富的想象力突破常规，运用大面积的细褶皱，使服装极具个性，如图 4-18 所示。

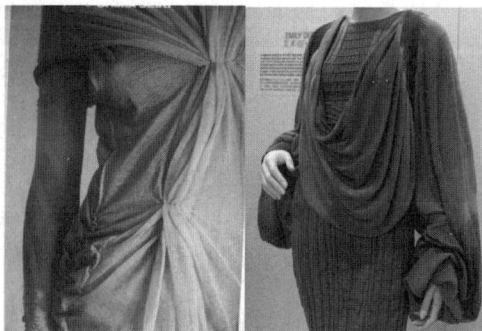

图 4-18　利用细褶皱设计的针织服装

2）堆叠

堆叠是指将厚重的针织面料堆叠聚集在一起形成褶皱的效果。堆叠既可以用于服装的局部，如领口、袖口，以突出局部大而夸张的造型，堆叠出宫廷的奢华感，如图 4-19 所示；又可用于服装的整体，利用针织毛线的质感，堆叠出犹如建筑的服装的廓形，如图 4-20 所示。

图 4-19　局部堆叠

图 4-20　整体堆叠

4. 包缠

包缠是指利用面料进行包裹缠绕处理,可以利用简洁的纬平针织物进行包缠,如图 4-21 所示。这是使肌理化平面立体化的又一常用手法。随意的包裹缠绕处理,往往可使平凡的针织面料从两维平面向三维立体过渡,使其外观肌理顿时丰富活跃。

5. 抽纱、漏针

抽纱法是指将织物经纱或纬纱抽除从而改变肌理的方法。这种方法有两种表现形式,一是在织物中央抽去经纱或纬纱,使织物外观呈现半透明状;二是在织物边缘抽去经纱或纬纱,使其出现毛边的感觉,毛边则可编成细辫状或麦穗状,丰富服装肌理。如图 4-22 所示,无规律的抽纱破坏了针织面料的表面,使其具有不完整、无规律或破烂感等特征。

图 4-21　随意的包裹缠绕打造
　　　　　立体的肌理效果

图 4-22　无规律的抽纱获得疏与密的
　　　　　虚实对比,同时映衬肤色

4.3　基于手工编织的针织面料设计

　　与代表工业文明和都市化的精致羊毛衫、羊绒衫相比,手工针织服装有浓浓的怀旧感和田园气息。现代人整天忙忙碌碌,倾注着妈妈的爱的手工毛衣似乎离我们越来越远,而质朴、充满个性的手工针织服装与服饰配件、手工针织居家用品给我们的生活增添了一些纯真、温馨的东西,也让古老的手工编结技艺更具生命力和活力。

　　手工针织面料按编结方式不同分为手工棒针面料和手工钩针面料。手工棒针服装采用棒针为编结工具,把纱线编织为服装;手工钩针服装采用钩针为编结工具,把纱线钩编为服装。不同的编结方式给针织面料带来不同的效果,巧妙地利用这些不同的特质,能更好地发挥针织服装的特色。

4.3.1　手工棒针面料

　　棒针编织的服饰一般镂空较少,因此图案设计在棒针服饰的色彩搭配中运用较多,常用的有字母、人物、玩偶、纹样、图标、图形、渐变、分割、条格、花纹等。

　　返璞归真的自然主义与优雅精致的淑女风格,成为毛衫设计的两大主流。手工棒针服装最擅长演绎粗犷洒脱的自然风格,如图4-23所示。如累赘的花边、细带、蕾丝等令人有些厌烦,标新立异的时尚女性开始返璞归真,青睐起怀旧的粗线毛衫。穿上粗线毛衫更能使穿着者突显柔美,粗犷的毛衫反而能衬托出女性纤柔的气质。设计大师在推崇民族特色的同时开始倡导简约经典。流浪洒脱的情怀仍盛行不衰,抽象的图案、中粗的毛线和缤纷的色彩带来浓厚的异域风尚。

　　用机器编织的精致细密的毛衫看久了,会令人感到视觉疲劳,细致过后的粗糙与随意,有种大写意般的洒脱。手工编织的粗线毛衣有时以凹凸起伏的浮雕肌理效果见长,有时以色块组合的缤纷色彩见长,一件巧妙设计和编织的毛衣俨然是手工艺术品。

　　近年来的手工棒针服装有四大流行元素最为突出:①粗——毛线变得特别粗,越粗越时髦,用极粗的棒针织出松松垮垮的风格,甚至可以包裹住臀部的大号毛衫最时髦;②色彩极其艳丽——大红、纯黑、艳粉、金黄,强烈的视觉冲击力显示出穿着者的另类风格;③款式创新——背心式高领无袖毛衫,在冬季里逆流而行,船领、超大荡领、宽袖等复古款式令人眼花缭乱,透气、温暖、柔软又富有弹性的毛衫,最善演绎一衣多配的神奇;④毛衫织纹与针法多变——摆脱一般面料只能靠裁剪创造新意的局限,千变万化的编织技艺给人出其不意的新奇感。

图 4-23　手工棒针服装

4.3.2 手工钩针面料

1. 钩针编织的特点

钩针与棒针相比,编织方法更为灵活多变,形状造型与色彩搭配方面可任意组合,充分发挥创造力与想象力,如图 4-24 所示。钩针编织更适合制作形状各异的服饰配件与居家用品,如帽子、围巾、手提袋等,可充分体现手工钩针编织的灵活性与原创性。但钩针编织操作烦琐,效率较低,因此无法像棒针编织那样机器化大面积推广,在服装中多用于局部点缀。用纯粹的钩针编织一件服装耗时很多,成本高昂,例如国内著名的手钩服装品牌——李黎明钩编服装,设计独到,非常具有个性化,每件服装都像艺术品一样,虽然售价不菲,动辄上千元,但仍有许多忠实的高端消费者。

工业化批量制作的针织成衣,在外观上力求简洁大方,款式一般比较传统,变化不多。而手工编织不同,由于编织手法灵活,可以编织出任何理想的造型,随意、休闲、灵巧的特性使得手工编织服饰充满了活力,给人们的设计和生活带来了各种各样的便利。

钩针针法多变,通过短针、长针、锁针等基本针法的组合可产生千变万化的花型,例如,锁针和长针混合编织组成的镂空方眼针,端庄别致,温婉秀丽;曲线优美的扇形花清新脱俗,颇具古典韵味;月牙形花边精致实用,常用作衣裙、桌布、窗帘、枕套等边缘的装饰,使其显得更高雅大方;可单独钩好一个个花形图案,用钩针逐个勾连起来,拼接成各种形状和大小的织物,这种钩织法十分简便和灵活,由于单独的图案花本身变化无穷,加之将它们巧妙地组合,即可拼接成各式图案花纹织物,如图 4-25 所示。

图 4-24 手工钩针服装

图 4-25 手工钩针面料

钩针编织具有各种艺术风格,组织结构可塑性强,可以达到无限款式与任意规格。如镂空、弹性、疏密、柔性、灵活等特性,使手工编织变得丰富多彩。

（1）镂空。组织结构具有镂空的艺术效果，可以更好地与装饰对象融为一体，形成相互衬托的特殊效果。可以说任何其他形式的柔性纤维织品都无法与其相比。

（2）弹性。通过不同的钩编针法，使作品形成特别的弹性。这种弹力效果可以更好地展露人体的美，达到穿着舒适的功效。

（3）疏密。可以通过相应的钩编针法，使钩针织物具有致密的风格，在同一产品中形成疏密相间的效果。

（4）柔性。钩针编织一般采用柔软的线材，编织出来的产品触感柔软而富有弹性，给人感官上柔和亲切的体验。

（5）灵活。小小的钩针，通过灵巧的手，能创造出无穷的变化，可以随心所欲地实现任意的装饰效果。

2. 钩针编织的常用花型

1）按形状划分

按形状可将钩针编织花型分为菱形、三角形、花形、方形、圆形、花边及不规则形等，如图 4-26 所示。

图 4-26　钩针编织的不同花型

2）按空间感划分

（1）平面组织。

扁平的钩花属于传统型，注重肌理，可分为网眼组织、致密组织、镂空组织，如图 4-27 所示。

图 4-27　钩针编织的平面花型

（2）立体组织。

立体钩花不仅可以发挥创造者的想象力，更可以模仿自然界的事物，让服饰生动起来，如图 4-28 所示。

图 4-28　钩针编织的立体花型

3. 手工钩针编织实际案例

枣形针并针钩织形成的粉色花朵钩针织片,效果如图 4-29 所示,钩织过程见视频 4-1。

图 4-29　枣形针并针钩织形成的粉色花朵钩针织片　　　　视频 4-1　粉色花朵织片的钩织

辫子针和长针钩织的长裙,效果如图 4-30 所示,钩织过程见视频 4-2。

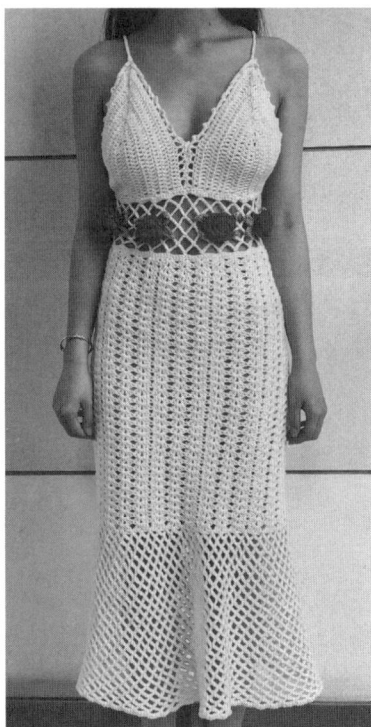

图 4-30　辫子针和长针钩织的长裙　　　　视频 4-2　辫子针和长针组合长裙的钩织

4.3.3　手工编织的服饰配件

1. 钩针围巾与披肩

用纯粹的手工编织出想要的风格,层层叠叠地玩长短和色彩的错落游戏,颇富异域情调的钩针镂空长围巾洋溢着青春的活力,英伦风情的披肩则是大家闺秀的必备单品,如图 4-31

所示。

2. 手编拎袋

美丽而别致的手编拎袋最易成为视线焦点，如图 4-32 所示。

3. 手工编织帽饰

帽饰可配合服装起到画龙点睛的作用，同时在秋冬可以御寒。

4. 手工袜类

在冬日的闲暇时光，穿一双妈妈手工编织的厚实毛袜，平添许多暖意。

5. 宠物衣饰

图 4-31　手工钩针披肩

手工棒针编织的宠物毛线背心兼具保暖与美观两大功能，让宠物看上去憨态可掬，如图 4-33 所示。

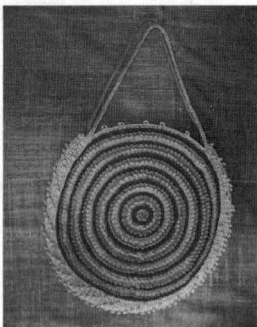

图 4-32　手工钩针拎袋

图 4-33　宠物衣饰

第 5 章　针织服装的色彩设计

针织服装是从纱线开始进行设计的,除考虑纱线的色彩外,还要考虑织物组织结构所造成的肌理效应对整体外观色彩的影响,可以综合利用色彩、组织的变化和分割对比来进行针织服装设计。

针织服装必须强调服装的实用效果与艺术效果的统一,把色彩体现于针织的纱线上。除注意运用流行色外,针织服装因织物线圈的肌理效应,可以进行服装色彩的组合设计,或是大块色面的分割使之强烈醒目,或是色彩协调自然由浅到深的过渡,也可突出小面积色彩的对比,使之具有浪漫趣味。

5.1　色彩设计的基本手法

5.1.1　色彩心理学理论

心理学家近年提出许多色彩与人类心理关系的理论。他们指出每一种色彩都具有象征意义,当视觉接触到某种颜色,大脑神经便会接收色彩发送的信号,即时产生联想。一般归类为以下几种。

(1) 白色:是一种纯净、祥和、朴素的色彩。它给人以明快、无华的感觉,是纯洁、高尚、坦荡、神圣的象征。

(2) 红色:是最能引起人们兴奋和快乐情感的色彩,有强烈的感官刺激作用。它使人联想到激情和危险,鲜血和生命,太阳和火焰。它象征热烈、活泼、浪漫与火热,使穿着者显得朝气蓬勃、充满活力。

(3) 橙色:是一种明快、华丽的色彩。它能引起人们的兴奋和欲望,能让我们联想到阳光、晚霞和枫叶,象征着活力和温暖。

(4) 黄色:是过渡色。它能使兴奋的人更加兴奋,活跃的人更加活跃,也能使焦虑的人更加焦虑,会让人联想到黄金和菊花。它象征光明,在中国古代是皇权的象征。

(5) 绿色:是一种清爽、宁静的色彩。绿色能使人想到青春、活力与朝气。绿色象征着生命、活力与和平。

(6) 紫色:是一种华贵、神秘、充盈的色彩。它给人富丽堂皇、高雅脱俗的感觉。它象征财富、高贵和优雅。

（7）蓝色：是一种相对柔和、宁静的色彩。它能使人联想到天空和海洋，象征着宁静、智慧和忧郁。

（8）灰色：是一种柔弱、平和的色彩。它给人脱俗、大方的感觉，是服装色彩中非常文雅、给人平易近人印象的色彩之一。它象征大方、朴实和可靠。

（9）黑色：是一种庄重、肃穆的色彩。它使人产生凝重、威严、阴森、恐怖等不同感觉。它象征沉着、庄重、死亡和哀伤。

色彩不仅能给人以不同的联想，有不同的象征意义，还能让人从色彩的感觉中产生冷暖、轻重、扩缩等感觉。如对于条纹设计来说，色彩之间的组合、搭配、点缀所引发的观察者的心理效果会有明显的不同。

5.1.2　色彩的搭配方式

1. 主次搭配法

主次搭配法是以一种色彩为整体的基调或主调，再适当辅以一定的其他色彩的搭配。在针织条纹中这种搭配最常见。但是运用这种搭配法首先应充分考虑主次色之间的关系，不能本末倒置；其次，要考虑主次色调的对比效果，要和谐，不能过于刺眼，或不够鲜明；最后，辅助色彩的位置安排要充分考虑体形、相貌的优势，要考虑扬长避短，以达到画龙点睛之妙。

2. 同色搭配法

同色搭配法是把同一种颜色按深浅不同进行搭配，以造成一种统一、和谐的审美效果的方法。同色搭配法应掌握的原则是同色间的过渡平稳、自然，不要太生硬，明度差异不要太大，以免给人断裂失衡的感觉。如果明度差异较大，可在中间选择一种明度适中的色彩做过渡。

3. 相似色搭配法

相似色搭配法是指用色谱上相邻的颜色进行搭配的方法。这种搭配变化大，色彩之间的差异性也大，能使服装产生活泼和更有动感的效果。相似色搭配法的难度很大，限制也很多，很容易弄巧成拙。所以，采用这种搭配方式时，要认真考虑色彩的明度差异以及纯度变化，达到一种视觉上的"和谐"。如图 5-1 所示为采用邻近色渐次变化的"彩虹毛衣"。

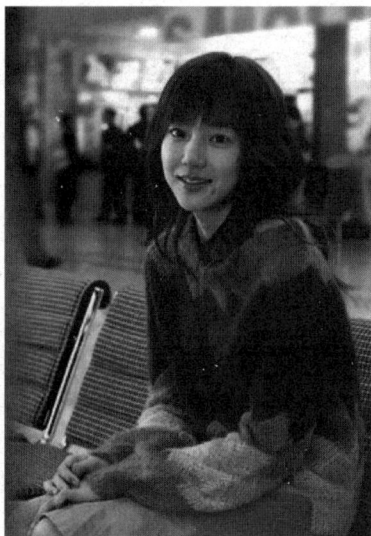

图 5-1　彩虹毛衣

5.1.3　针织服装中色彩设计的手法

1. 对比色的并列使用

民族风近年来非常盛行，例如，将中国传统的龙纹和花卉图案用于针织衫，别具特色；波西米亚风的针织服装采用颜色鲜艳的对比色，极富异域情调。

2. 选择尽显高雅格调的中性色

将灵感源自天然植物、沙滩、泥土的米白、珍珠灰、烟灰、亚麻色、玉米黄、烟草棕用于针织衫,格调高雅、品位不俗。

3. 通过同一色调的深浅变化来强调单色

在同一色调上做有节奏感的深浅变化处理,从上至下或从左至右产生色彩明度或纯度上的推移,通过对单色的强调来吸引人们的注意。

5.1.4 花型图案在针织服装色彩设计中的运用

花型图案是针织服装色彩设计的常用手法,如最经典的条纹和菱形格图案。各种花型图案还可以通过多种方式运用在针织服装上,如提花、印花、手绘、装饰等工艺,非常讨巧且具有鲜明的视觉冲击力。

1. 条纹

条纹是许多针织服装设计师偏爱的设计元素,因为在针织中,只要更换纱线的颜色就可以很方便地演绎极具动感的条纹。在针织服装中,条纹可以是抽象的纵条或横条,也可以用具象事物来表现,如旗帜、腰带、十字形或字母,虽然它们都是条纹,却变化丰富,可赋予条纹不同的形象和生命。条纹是服装重要造型元素——线的体现,有横向条纹、纵向条纹、波浪形条纹、锯齿形条纹等。条纹的方向性、运动性以及特有的变化性,使其具有丰富的表现力。条纹既能表现动感,又能表现静感,还能传达很好的旋律感和节奏感,而时间感和空间感则可以通过条纹的延续性来完成。因此,设计师在设计条纹时应仔细斟酌条纹结构以及组成条纹的色彩的量感与色相的组合,使它们看起来具有独特个性。例如,可以从苗族和黎族等民族文化中汲取灵感,采用传统技法表现热情、创造力和形象。由于条纹在针织服装设计中的重要性,第 5.2 节将专门讨论针织条纹设计。

2. 菱形格

菱形格也是针织服装常用的设计元素。如果说条纹是线在针织服装中的体现,那么菱形格就是面的体现。英伦风格的菱形格注重几何造型的处理,在 T 台上是夺人眼球的视觉创意法宝,是永不褪色的经典,如图 5-2 所示。在设计菱形格时,要注重针织时装的底色、菱形格的颜色以及斜十字线的颜色三者之间的空间用色关系的处理,使其产生错落有致的层次感和张扬的力度。

3. 提花图案

提花组织是一种非常特别的针织组织结构,提花面料的立体感和真实感是印花面料所无法比拟的。设计师如想设计个性十足的针织时装,提花图案应是取之不尽的灵感来源。提花在服装中所处的位置可以是遍布全身,也可以是处于局部,如领口、袖口、胸部或下摆。图案纹样可以是古老的苏格兰费尔岛花型,如图 5-3 所示,可以是经典的北欧雪花造型,可以是异域

图 5-2　菱形格图案

情调浓郁的佩兹利纹和波斯地毯纹,可以是充满野性与时尚感的豹纹与斑马纹,可以是波普艺术风格的具象化人脸图案,也可以是取材于中国苗绣、用色浓郁的民族风情图案。如果想设计中西合璧的针织时装,西式的轮廓与造型,配合东方的提花图案应该是最佳组合。

图 5-3　苏格兰费尔岛花型

4. 印花图案

印花历史悠久,其是指使用染料或涂料在织物上形成图案的过程,主要的方法有直接印花、拔染印花、防染印花,如图 5-4 所示。印花是一种较常见的装饰手法,一般用于较轻薄柔软的针织面料。但是受工艺的限制,印花在服装上过胸、过肩的整体花形处理不能很好定位,并且颜色越多越麻烦,稍有不慎就会出现花型变形,错落不一致。

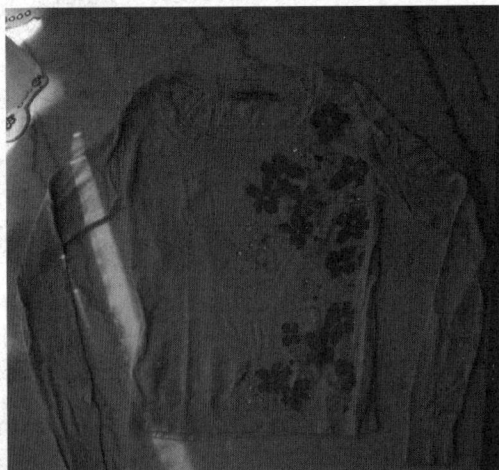

图 5-4　印花图案

针织服装的时尚印花可引用现代艺术手法,如抽象和几何图案。从传统印花技术到高科技数码印花均在流行之列。在颜色运用方面,除了红、黄、蓝三大基色外,酸性色亦是热门

选色,尤以橙色和柠檬黄最热。

印花图案的灵感可来源于印度莎丽图案、土耳其边饰图案、阿拉伯花纹、大理石花纹、丛林花卉、热带鸟类、蜡染、日本插花、中国水墨画、动物毛皮纹样、佩兹利纹等。

5. 手绘图案

手绘装饰主要用在洁白或素雅的面料上,运用国画的手法,画上花卉或鸟、蝶等图案,显得非常清新高雅。这是一项将绘画艺术和服装融为一体的装饰手法。起初的手绘装饰只是运用于夏季轻薄的面料上,如绸缎。但随着科技的进步,如今在不同的面料上均可以手绘出适合的花型,如针织面料,如图 5-5 所示。

手绘相对于印花手法更加鲜活,可运用国画、版画、工笔、油画还有其他林林总总的绘画技巧,把绘画艺术和服装结合,不仅体现了服装的装饰性,更满足现代社会潮男潮女对张扬个性的需求。

6. 装饰图案

装饰图案是针织服装设计中常用的一种手法。梭织服装的设计往往会受面料本身图案的影响,而针织服装在图案的表现形式上则有较大的自由。多姿多彩的图案构成了针织服装一道最美的风景线。装饰图案造型可以分为具象图案和抽象图案。

1) 具象图案

具象图案是指模拟客观物象的图案,是一种很容易让大众接受的图案,是设计师形象地把握现实生活,直观地表达设计意图的便利形式。具象图案主要有花卉图案、动物图案、风景图案、人物图案等(图 5-6)。其通过简化、夸张、提炼、添加、强调、组合、分解、重构、变异等手法,具有强烈的装饰性和趣味性。

图 5-5　手绘针织服装

图 5-6　具象的猫头鹰图案

2) 抽象图案

抽象图案相对于具象图案而言,其特点是不直接摹绘客观事物的形态,而以点、线、面、形、肌理、色彩等元素,按照形式美的一般法则组成图案。抽象图案在针织服装中应用甚广,而且表现形式非常丰富,有几何图案、随意形图案、幻变图案、文字图案、肌理图案及无序综合图案等,如图 5-7 所示。

图 5-7　不同工艺手法产生的不同的图案效果

5.2　条纹在针织服装设计中的运用

　　针织服装在很多品牌中都占有一席之地,它极强的可塑性和变化的多样性让设计师对其情有独钟。而条纹是设计师在设计针织服装时常用的"招数",他们运用各式各样的条纹创造出属于他们的艺术,并且结合各种颜色的搭配营造出别样的风格。

　　条纹具有强烈的时代感和运动感,能形成很多意想不到的服饰风格特征,同时工艺上的可操作性,使条纹的针织品能大规模化生产。人们不仅通过条纹彰显自己的个性,还可以巧用条纹来修饰自己的体形。条纹能产生丰富多样的心理影响和作用,再结合色彩的奇妙应用,给人以多样的视觉艺术享受。

5.2.1　条纹在针织服装中产生的心理影响和作用

　　在服饰心理学中提到这样一个观念:"每个人都存有的这种区别于他人的意识,每个人又都希望别人未上升到这种认识高度的微妙心理,正促使了着装心理的毫不示弱的竞争意识。"而条纹本身就是一种打破常规,能产生各种视觉错落效果的几何纹样,所以在设计条纹时,就必须了解各种条纹在心理上所产生的影响和作用。

　　一般来说,针织服装中最常见的有水平条纹、垂直条纹、斜线条纹、曲线条纹和不规则条纹等。

1. 水平条纹

　　水平条纹又叫横条纹,给人一种视觉上横向延伸的效果,可以让视线左右延伸,给人一种安静的感觉。但是这种条纹如果太过均匀,宽度过宽,会给人肥胖的感觉,不过同时也会感觉比较休闲,如图 5-8(a)所示。一般来说,横条纹有疏有密,粗细结合,外加色彩的合理搭配是上乘之选,可以造成视觉上纤细柔美的效果,如图 5-8(b)所示。

(a)   (b)

图 5-8　水平条纹针织服装

2. 垂直条纹

垂直条纹又叫竖条纹,让视线上下移动,造成视觉上竖直拉伸的效果,同时给人一种坚定的感觉。这种条纹是许多设计师的钟爱,不仅因为它曾经是贵族条纹,更因为它给人"好身材"的感觉。一般来说,竖条纹的色彩会影响到它的收缩效果,不均匀的线条,以及明度上的对比,会带来很强的视觉冲击,如图 5-9(a)所示,显得人身材很纤细修长、婀娜多姿。而且在另外一方面,直条纹是顺应面料走向的,因此贴体或者直身的造型可以更充分地体现出直条纹的特征,如图 5-9(b)所示,色彩的强烈对比,搭配上中筒的外廓形,带给人一种温暖、可爱又娇美的感觉。

(a)   (b)

图 5-9　垂直条纹针织服装

3. 斜向条纹

斜向条纹给人一种运动的感觉,有斜向拉伸的效果。针织条纹服装中,最常出现的一种情况是在人体腰部设计成水平条纹、垂直条纹或斜线条纹,由于人体腰部动态变化,平面的衣服产生褶皱或者折缩,使原来应该连续的水平、垂直或斜向的条纹断裂产生错位,而且这种错位是没有规律的,是变化的,视觉和心理上会给人一种无限的动态感。此外,体态比较肥胖的人,穿着斜向的条纹会给人视觉收缩感,如图 5-10 所示,同样都是穿着毛衣,而明显左边的斜条纹的感觉很醒目,同时能突显出既动感又富有活力的感觉。

4. 曲线条纹

曲线条纹是一种具有装饰效果的条纹,因为条纹之间的曲度和长度可以不同,有一种流动的动态效果。常见的曲线条纹有波纹条纹和波折线条纹,这些条纹具有更强的装饰性,丰富多样的转折让视线更具多样性、更动态,产生的效果也更丰富。无论是肥胖还是过于纤瘦的体形,曲线线条都可以切割视觉,修饰体形。不过曲线条纹通常采取大面积的设计,否则会给人一种视觉上的局促感,如图 5-11 所示。

图 5-10 斜向条纹针织服装

5. 不规则条纹

不规则条纹是一种最具多样性和创造性的条纹,让眼睛追逐其丰富的变化,给人一种活泼、妖娆、不安定的心理暗示,它是最具装饰效果、最复杂多变的。如今设计的条纹会与几何图案或花卉图案等组合搭配,让条纹效果更丰富多彩,同时通过视错觉优化人的身形,如图 5-12 所示。这种不规则是通过针织的提花效果而产生,运用花卉和各种纹样结合起来的条纹形式的排列组合,给人感觉很有异域风情,时尚妖娆。

图 5-11 曲线条纹针织服装

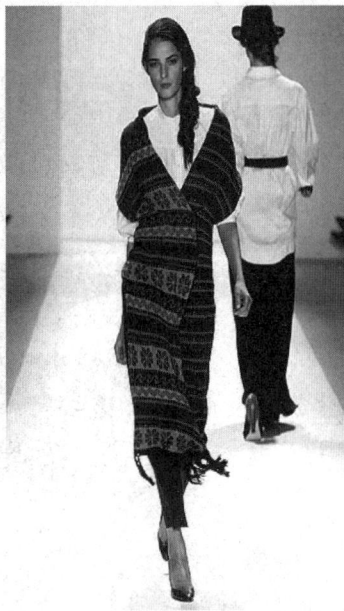

图 5-12 不规则条纹针织服装

在实际的服装设计中,条纹的色彩设计显然更加丰富多样,以上仅是最基本和最主要的方法。无论如何搭配,只有构成视觉上的平衡感、和谐感的搭配才是符合时代需要,符合人

类视觉审美情趣的。

5.2.2 色彩设计在条纹中的运用

条纹和色彩是相辅相成的,在不同色彩的演绎下,条纹也可以呈现更多不同的情感和意义。都说"色彩是条纹针织服装中最丰富的语言",所以在条纹设计中,巧妙地运用各种色彩的组合和搭配就是一个最基本也是最重要的设计技巧。

一般来说,我们通过明度和纯度上的色彩渐变,可以造成视觉上的重叠感和层次感,从而对整个针织服装的风格产生巨大的影响,使其更具有节奏感和变化性。另外,色彩和条纹图案排列跳跃比较强烈的,会给人感觉更富有张力,更活泼;而色彩和条纹图案排列跳跃比较平缓的,则体现出一种沉稳内敛和理性的风格特征。

5.2.3 条纹在针织服装设计中的运用方式

1. 按布局来划分

1)局部设计

在针织服装设计中,条纹作为一种装饰手段,出现的位置不一定要贯穿全身,可以是身体的某一个位置,如手臂、腰部、腿部等。只要条纹与人体的部位所产生的视觉效果是和谐一致的,就能起到强调和画龙点睛的作用,同时还能创造出一种别样的设计风格。一般情况下,设计者会在视觉的中心位置排列一些不规则的斜条纹或者呈放射状的条纹,如图 5-13 所示。

2)整体设计

在针织服装设计中,整体设计的运用最为广泛,可以给人一种休闲时尚的感觉。另外,这种设计也比较容易搭配衣服,在制作工艺上也便于操作和大量生产。尤其在童装设计方面,很多针织的服装都采用整体的条纹设计,显得比较可爱、活泼,富有朝气和活力。

3)点缀设计

点缀设计和局部设计有些接近,但与局部设计的区别就在于,局部设计是与人体有关,而点缀设计是与服装本身的细节有关。一般来说,点缀设计应用的部位是在领口、下摆、袖口、口袋和门襟等部位,使得整体服装更加有运动感,这有别于整体服装的大面积色彩产生的效果,以求达到一种精致和画龙点睛的效果,如图 5-14 所示。

2. 按设计技巧来划分

1)视错

由于光的折射及物体的反射关系或由于人的视角不同,距离方向不同,以及人的视觉器官感受能力的差异等,会造成视觉上的错误判断,这种现象称为视错。视错设计可以使简单的规则条纹变得多样且无序,也可以使视觉效果更加丰富多彩。但是,如果变化过于复杂,节奏过于跳跃,就会使得人产生视觉疲劳。

在针织服装中,视错设计手法主要是利用条纹会随着人体运动而运动的特性而来,由于针织服装的特殊性,它没有定性,十分柔软,哪怕是最简单的横条纹也会随着人体的形体、运动而变化,特别是在一些关节部位,这种变化、错位是不能控制的,是变化万千的,同时也是自然而然的。

图 5-13 局部条纹设计

图 5-14 点缀条纹设计

2）重组

条纹的排列组合是对条纹面料的特殊创意设计。由于针织工艺的特殊性，通过分割和组合，让原本简单、沉闷的条纹变得丰富、动感。同时，重组造成视觉上的错落有致和层叠交错感，创造了新的图案，也给了条纹新的意义和生命，如图 5-15 所示。

3）肌理效果

针织服装的另外一个设计点就是肌理效果，不同的肌理效果也会达到风格迥异的视觉效果。因此，如果能很好地把条纹与针织的肌理效果混合起来，将会使针织服装本身更具创造性和多样性。可通过不同的横机编织技术如扳花、镂空、提花等塑造毛衫表面的肌理效果，并配合色彩的变化达到更加立体的感受。也可通过现代技术的处理，如弹性面料、金银线交织、冷压皱褶处理等，使条纹变得更加丰富多彩，如图 5-16 所示。

图 5-15 条纹的排列组合

图 5-16 条纹的肌理效果

5.2.4　条纹设计的运用实例

作者：上海工程技术大学服装设计与工程专业学生　陶晓萍。

此套服装的主题是《舞动》，灵感来自奥运会的五色环。色彩是针织服装的灵魂,彩条纹更是针织服装设计里永恒的经典,它在视觉上创造了无与伦比的动感效果,明媚的黄色、热情的红色、经典的黑色以及纯净的蓝色组合,青春气息扑面而来。

这套服装运用了横条纹、竖条纹和斜条纹,结合四种色彩,营造一种动感、朝气的氛围。由于应用的颜色比较多,借鉴米索尼的设计理念,在其中融入了黑色,使视觉上达到平衡。另外,这套服装运用了整体设计、点缀设计,在领口、袖口处还运用了视错设计,使这套服装随着人体曲线和身体运动,达到更丰富的视觉效果。在色彩的运用上注意主次搭配,为了不让横条纹使人体看起来很肥胖,条纹间隔有宽有窄,部分地方还运用了重组,虽然工艺上有一定的复杂度,但是效果是显而易见的,它让本来有些呆板沉闷、缺乏特色的服装一下子亮丽起来。同时,没有让横条纹遍布全身,因为这样给人的感觉太过复杂,不够精练,而是运用大块面的黑色与彩色小花搭配,进一步突显条纹设计,如图 5-17 和图 5-18 所示。

图 5-17　效果图

图 5-18　针织服装

5.2.5　针织服装设计中条纹运用的要点

条纹是针织服装中最常见的设计之一,不仅因为它工艺操作的便捷性,更因为它本身独具的广泛的创造空间。无论是横条纹、竖条纹,还是不规则条纹,都有自己的特性和视觉效果,同时由于针织服装独有的柔软性和弹性,使条纹随着人体运动又产生了更加丰富多样的视觉和心理效果。

条纹和色彩是密不可分的,在运用条纹进行设计时必须要了解色彩的相关知识,例如颜色丰富的情况下,适当运用黑色、灰色,可以达到平衡视觉的效果。

进行条纹设计时,可以从布局和技巧两方面入手,也可以借鉴一些成功的设计案例。把条纹、色彩、形状、针织肌理效果等有效地结合在一起,从而创造出更加丰富多彩的视觉艺术。

服装设计的基本方法在条纹针织服装设计中依然是存在且有效的,为了达到视觉的和谐统一,在运用条纹时要特别把握好色彩之间的明度、纯度以及条纹过渡之间的节奏和韵律。视错是一种很特殊的视觉效果,合理的运用才能给条纹更丰富的表现力,否则只会造成视觉的混乱。

第6章 针织服装的款式设计

6.1 针织服装的设计特点

针织面料具有许多梭织面料无可比拟的服用特性,如质地柔软,吸湿透气,优良的弹性、延伸性及可成形性。近几年来,针织面料以卓越的品质在流行服饰中的比例不断上升。总的来说,针织服装手感柔软、富有弹性、穿着适体,既能勾勒出人体的线条起伏,又不妨碍身体的运动,但也伴有外观形态不够稳定的缺点。为了发挥针织面料的性能特点,并扩大服装设计的发挥空间,针织服装常采用针法与组织结构变化、色彩变化等方法来丰富服装的实用功能和外观形态。针织服装还可针对不同体态的人有不同的着装方式。时装化、个性化、高档次、高品位是针织服装新的流行趋势,已成为消费新特征。

传统的梭织服装从平面面料到立体服装,一般要通过收省道或推、归、拔、烫等方法来实现。特别在设计合体服装时,由于梭织面料在伸缩性上较针织面料差很多,必须将平面布料依据人体的体面关系,分割成若干裁片,再通过曲线的连接,构成三维的立体空间造型。如果针织服装也照搬上面的方法就会破坏面料的肌理效果,有些还可能造成线圈脱散,影响服装的外观和牢度。由于针织面料优异的弹性和适形性,针织服装无须通过收省道或推、归、拔、烫等方法即可获得良好的合身度。同时,针织面料脱散性强,若忽视针织面料的特性,单纯追求复杂的结构造型,势必事与愿违,使实际服用效果和设计之间出现很大偏差。所以针织服装设计的重点在于把握面料的性能,应充分考虑其独特的线圈结构,更多地利用针织物性能上相对于梭织物具有的独到之处。

在针织服装的款式设计中应注意以下两方面。

6.1.1 针织服装设计中空间感的把握

现代服装设计在构成意识上,很重视服装构成的空间效应,包括量感、触觉感、节奏运动、线条、光影、色彩等。现代服装在立体空间造型上更重视服装同人的协调,因为服装设计的基础是人体。服装设计,基于对象的形体诸如高矮胖瘦、凹凸、空间比例,通过平面组合面料,形成吻合于对象形体的外部特征。例如,袖子与肩部面料的投合、领围与脖子的配合,实质上与立体构成的雕塑有"空间构象,空间塑形"的类似关系。就服装的立体状态而言,具有长、宽、高三方面要素,构成塑造完整的形象所要考虑的三个方面,称为"三度空间"。只有强调"三度空间",方能创造出前所未有的特殊服装,产生特别的视觉效果,让面料呈现多姿多彩的立体空间。我们可以借鉴雕塑、建筑的构造特征,通过在材料上开发、创新和运用,在服装和服饰上夸张某些部分,增加其形体和内外空间,使作品标新立异。同时,衬托显现人体的部分,构成视觉反差对比,达到增加服装内涵和强化服装形式美的目的。

服装通过夸张、变形,不单单是织物本身所表现出来的立体感,不可忽略的还有服装本身的结构,强调面料与人体的完美组合,表现人体自然的立体曲线,创造出无限自由的设计空间。服装是随人体的运动而变化的,具有动态的模糊性,这种动的体态变化,充分体现了服装的外形特征和合体性特征。

6.1.2 从针织服装的面料特点和制作工艺进行设计

针织服装设计中应突出其面料特有的质感和优良的性能,要采用流畅的线条和简洁的造型来强调针织服装特有的舒适自然性,款式变化不宜太复杂,因为任何过分夸张的设计构思以及复杂烦琐的结构手法,不但在以线圈为结构的针织面料上不容易表现,难有出人意料的效果,而且还会喧宾夺主,失去针织面料应有的质感性能优势,所以针织服装的造型设计应以简洁、高雅为主格调。

6.2 针织服装款式设计的灵感来源

灵感是稍纵即逝的一种突发性思维,是记忆系统的瞬间激发,是大脑中原来储存信息与当前某种刺激突发联结的反映。它是长期观察、积累、思考和善于发现的结果。

灵感来源于任何地方,对生活方式的深入体验以及时下流行趋势的敏感把握是非常重要的。设计师应关注人们正在听的音乐、正在展出的展览、新上映的电影;还有旧款服装、古董市场、时装发布会、时尚杂志、服装展会等;也可以从书籍、音乐、画廊以及街头身边发生的事情等任何美好的事物中获得灵感;还有活跃的想象力,它永远是设计灵感的最佳来源。

在针织服装设计中,可从以下几方面寻找灵感来源。

6.2.1 民族文化的营养

随着人们对服装文化价值的重视,服装的民族化逐渐成为人们追求的一个新热点。消费者的此种需求给针织服装设计师带来了很大的设计空间。中国的传统服饰文化历史悠久,花鸟刺绣、图腾刺绣、盘扣滚边等,都是针织服装设计值得借鉴的。另外南美秘鲁和危地马拉的编织图案、斯堪的纳维亚的毛线衫图案、印度传统图案、阿拉伯传统图案、西藏的藏传佛教图案、内蒙古的游牧民族图案、东欧和北欧少数民族的图案,都是针织服装提花和印花纹样的无穷灵感来源。

由于针织服装面料和制作工艺的特殊性,对旗袍、唐装等中华民族传统服装样式的借鉴也存在一些特殊性。这种借鉴不是完全的照抄照搬,而是根据传统样式具体的某一特征来对针织服装进行民族化设计。

如中式服装的立领、对襟、盘扣、细滚边、连袖、开衩等,在进行针织服装民族化设计时,大可不必面面俱到,只要选择其中一两个特色元素即可。例如,传统的镶边很有特色,可以设计位于领、袖、衣摆等处的细滚边,也可以设计较宽大的各色镶边。再如,传统的偏襟非常独特,左右襟、对开襟、琵琶襟等都可以借鉴到针织服装的设计中。

6.2.2 人类情感与社会文化的启示

与针织紧密相连的人类情感和社会文化是针织服装设计的重要灵感来源。

针织服装密密的线圈、柔柔的手感往往会让人联想到母亲与恋人的爱、家庭的温馨、冬季的煦阳,因此倾注情感的设计会赋予针织服装感性的魅力,如图 6-1 和图 6-2 所示为学生设计的作品。该设计作品以人类的爱为灵感来源,如恋人的爱、母亲的爱等。

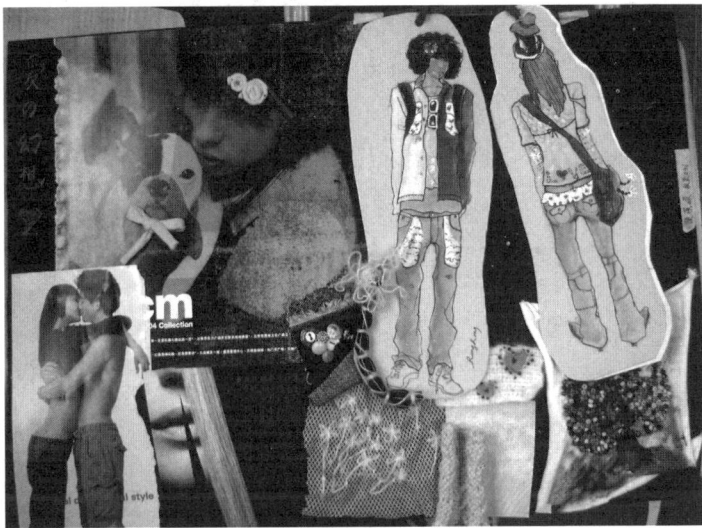

图 6-1　学生作品 1

6.2.3 自然的启迪

自然是针织服装设计取之不尽的灵感来源。无论是宏观世界的山川河流线条之美、潮汐日落的色彩之美、花卉树木的造型之美、苔藓植被的肌理之美、动物毛皮的纹样之美,还是微观世界的细胞结构之美,都可以用针织的方式加以表达和诠释,使针织呈现出极其丰富的表现和独树一帜的魅力。在设计中可以尝试不同风格之间、高新技术与手工技艺之间的融合使用,寻求设计的平衡点,体现自然之美,表现人与自然和谐相处的共生关系。

下面以学生优秀设计作品为案例,其入围第九届"濮院杯"PH Value 中国针织设计师大赛,作者为上海工程技术大学服装设计与工程专业学生程亮,主题为《赤水丹霞》。

1. 灵感来源

该主题的整体灵感来源于张掖丹霞地貌,丹霞地貌的颜色和纹理具有强烈的视觉冲击感,设计表达对大自然鬼斧神工的敬佩和对生态环境的热爱。红色调的设计表现丹霞地貌的红色砂岩和砾岩,同时,丹霞地貌的岩石的凹凸不平且色彩鲜明可以利用针织面料的特性表现出来,将丹霞地貌的山峰、河流、峡谷等自然景观融入服装设计中,创造出独特的轮廓和形态。灵感版如图 6-3 所示。

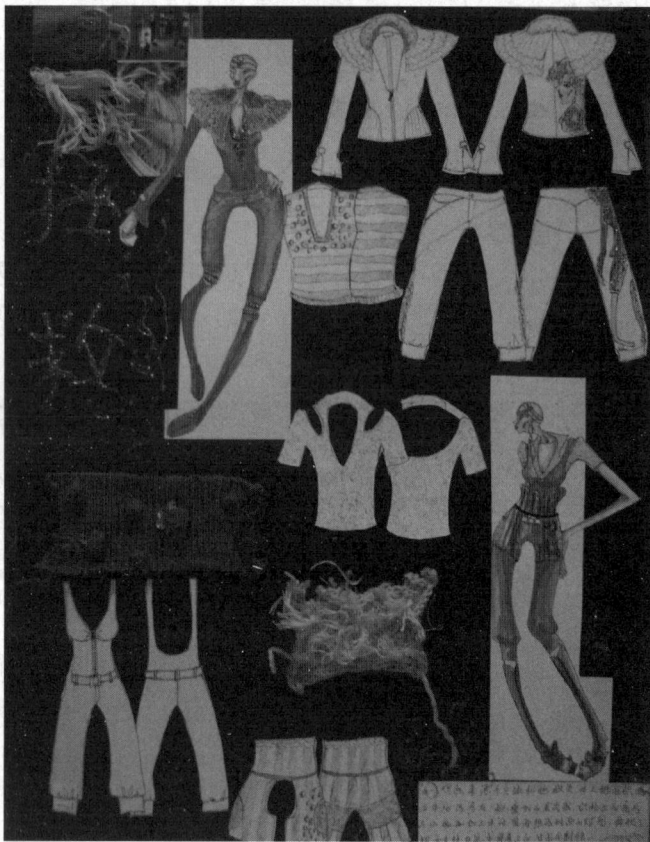

图 6-2　学生作品 2

丹霞夹明月

华星出云间

——曹丕

灵感来源

丹霞地貌的颜色和纹理深深地影响了人们的视觉和触觉，可以从丹霞地貌的颜色和纹理中汲取灵感，将其融入服装设计中。例如，可以运用白色调的设计，以表现丹霞地貌的红白色彩和肌理。同时，丹霞地貌的岩石表面凹凸不平，且色彩鲜明，可以利用针织面料的特性，通过设计手段呈现出凹凸不平的表面和鲜艳的色彩。此外，还可以从丹霞地貌的自然景观中汲取灵感，将其抽象化后融入服装设计中。例如，可以将丹霞地貌中的山峰、峡谷、河流等自然景观融入服装设计中，创造出独特的轮廓和形态。

图 6-3　灵感版

丹霞地貌最具代表性的颜色是红色，因此将红色作为主打色。根据 2023 年流行色，选择热情似火的非凡洋红色作为系列主色调，选取深红、粉红、紫红进行搭配组合，营造独特视觉效果。色彩版如图 6-4 所示。

图 6-4　色彩版

运用大廓形扩大针织纹理面积的呈现效果，更加突出丹霞地貌的气势磅礴、鬼斧神工的地势特征与让人流连忘返的自然风光色彩，男装硬挺的廓形符合西北地区少数民族文化与西北人豪迈的性格，风衣外套和运动卫衣搭配将生活环境的适应性与现代元素结合，体现出天人合一的寓意。廓形版如图 6-5 所示。

廓形灵感

运用大廓形扩大针织纹理面积的呈现效果，更加突出丹霞地貌的气势磅礴、鬼斧神工的地势特征与让人流连忘返的自然风光色彩，男装硬挺的廓形符合西北地区少数民族文化与西北人豪迈的性格，风衣外套和运动卫衣搭配将生活环境的适应性与现代元素结合，体现出天人合一的寓意。

图 6-5　廓形版

《赤水丹霞》系列服装设计灵感阐述和制作整个过程如视频 6-1 所示。

视频 6-1 《赤水丹霞》灵感阐述和制作

2. 设计效果图

设计构思采用空起花型组织和凸起组织,层层叠叠的效果充分体现了丹霞地貌重岩叠嶂的自然景观,效果图如图 6-6 所示。

图 6-6 效果图

四款服装的平面款式图分别如图 6-7～图 6-10 所示。

图 6-7 LOOK1 款式图

LOOK2款式图

图 6-8　LOOK2 款式图

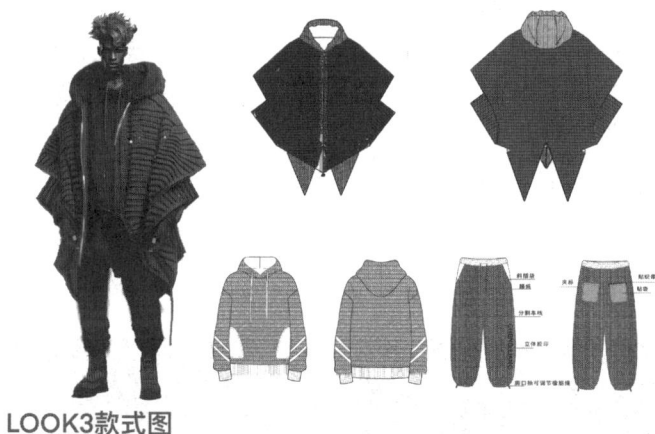

LOOK3款式图

图 6-9　LOOK3 款式图

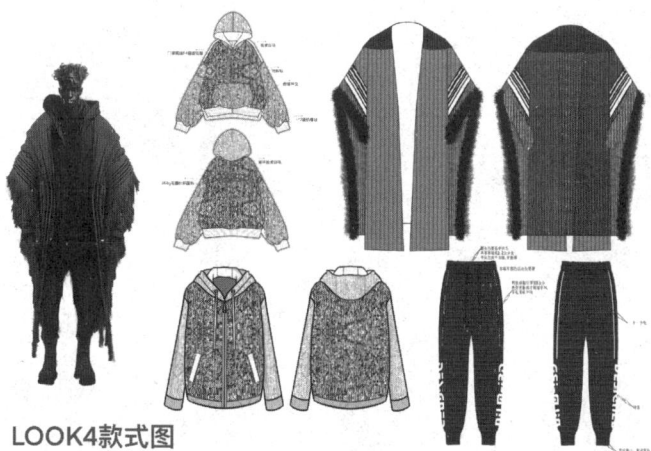

LOOK4款式图

图 6-10　LOOK4 款式图

3. 制作过程

LOOK1 设计构思和制作如视频 6-2 所示。通过涂覆或加工处理，将丙烯酸涂料应用于针织服装面料上，可以赋予面料独特的质地、手感、外观效果以及功能性特征，从而实现对针织服装的再设计和改良。丙烯酸涂料混合石英砂的材质，模拟出山脉岩石表面的肌理感和触感。

LOOK2 服装设计构思和制作如视频 6-3 所示。

视频 6-2　LOOK1 设计构思和制作　　　　　视频 6-3　LOOK2 设计构思和制作

LOOK3 服装设计构思和制作如视频 6-4 所示。
LOOK4 服装设计构思和制作如视频 6-5 所示。

视频 6-4　LOOK3 设计构思和制作　　　　　视频 6-5　LOOK4 设计构思和制作

4. 成衣效果

《赤水丹霞》系列服装最终成衣效果如图 6-11 所示。

图 6-11　《赤水丹霞》系列服装最终成衣效果

6.2.4 网络资讯

通过网络可以在全世界范围收集信息、图片和文字,浏览网页是寻找灵感最快捷的方式,可以聚焦于关注的主题,提供与主题相关的全方位资讯。网络也能使你逐步接触到一些公司或生产商,他们可以提供面料样片以及在生产后或整理过程中所用到的专业资料。

网络中有一些与时尚相关的优质网站,如 www.style.com,它可以提供全世界顶级设计师最新的成衣 T 台秀的图片,多浏览可以培养你良好的"时尚感觉"。

6.3 平面构成元素在针织服装款式设计中的运用

6.3.1 平面构成

1. 平面构成的含义

平面构成是视觉元素在二次元的平面上,按照美的视觉效果、力学原理,进行编排和组合,它是以理性和逻辑推理来创造形象,研究形象与形象之间的排列的方法,是理性与感性相结合的产物。

平面构成属于一种视觉形象的构成。它主要研究在二维空间内如何利用造型的基本元素(点、线、面)创造形象,处理形象与形象之间的关系,如何按照形式美法则创造一种视觉上和知觉上的美的关系,从而培养基本的造型能力和审美能力。

2. 平面构成的内涵

平面构成主要是运用点、线、面和体组成结构严谨、富有极强的抽象性和形式感,又具有多方面的实用特点和创造力的设计作品,与具象表现形式相比较,它更具有广泛性。其是在实际设计运用之前必须要学会运用的视觉的艺术语言,进行视觉方面的创造,了解造型观念,培养各种熟练的构成技巧和表现方法,培养良好的美感和美学修养,通过头脑风暴活跃思路,提高造型能力和创作能力。

平面构成需要从自然美的背后发掘比例、对称、统一之类的规律。平面构成强调组合,它分为自然构成和抽象构成,且更强调抽象构成。自然构成是自然的图案之间的分割、组合、排列等;抽象构成是将自然界中的复杂图案解构为点、线、面三种最基本的构成元素,然后按照一定的规律进行构成。

点、线、面之间的构成,可以使画面产生节奏、运动、整齐等效果,也可以产生重复、近似、渐变等变化,在视觉效果上给人以不同感受。

6.3.2 平面构成元素在针织服装中的表现形式

1. 点元素在针织服装中的运用

点是一切形态的基础,在几何意义上的点产生于线的端点和两条直线的相交之处,或者是直线的转折、直线和面的相交之处。因此,点是只有位置、无方向、无长度的几何图形。在造型设计中,点是以视觉对其大小面积的感受来界定的。面积越小,点的感觉越强。造型设计中的点有大小、形状、色彩、质地的变化,是相对较小的点状物,而不是几何学里那种没有面积、只有位置的点。点在造型设计中代表了它的大小而并非它的形状,如服装上的口袋、领结、饰物、头饰、手套、包袋等,这种点给人以明快、规范之感,装饰作用较强。

　　帽子、鞋、手提包、皮带、丝巾扣、手表等都属于实用性的服饰品,项链、胸针、耳环、戒指、发夹、人造花等则属于装饰性的饰品。这些服饰品在已完成的着装中都可以作为点元素考虑,出现在服装上,是在追求着装效果的整体美。有的饰品则是为了与服装的某一部分相呼应,从而追求服装的形式美。此外,饰品还可以表现着装者的个性,作为点元素的饰品有不同风格,并带有不同的感情倾向。饰品的位置、色彩、材质不同,对点的影响和着装效果也不同,如图 6-12 所示为立体的针织花朵在服装上的点缀。

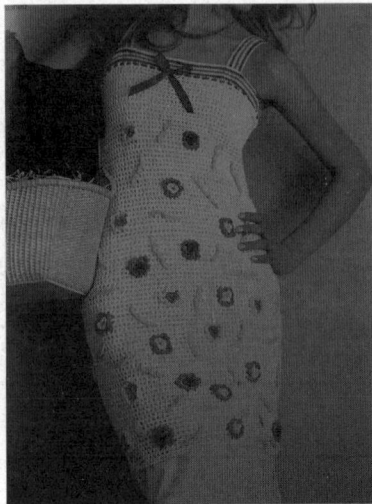

图 6-12　点元素在针织服装中的运用

2. 线元素在针织服装中的运用

　　线是指一个点不断地任意移动时留下的轨迹,也是面与面的交界。在几何学中,线被认为只有位置、长度及方向变化,没有宽度和深度。但是造型设计中的线不仅有长度,还可以有宽度、面积和厚度,不过宽度要远远小于长度,长度和宽度的比例是决定线是否成立的关键,也就是当一个形态具有细长的视觉感时被视为线,造型设计中的线还会有不同形状、色彩和质感,是立体的线。

　　在造型艺术中线被赋予了人的感情和联想,线条是人们表达想法所运用的最简单、最直接的形式。线也是构成形式美的不可缺少的一部分,线的组合可产生节奏,线的运用可产生丰富变化和视错感,可以通过分割强调比例,可以通过排列产生平衡。线的形式千姿百态,有着丰富的表现力,运用在服装设计中可获得不同的设计效果。因此,线条的运用对于针织服装设计师来说非常重要。如图 6-13(a)所示休闲针织服装中的条纹花样,与图 6-13(b)所示的针织服装,对条纹的大小、方向、色彩的使用方法有所不同。如图 6-14 所示,图案不同,其视觉效果也不一样,通过线的重复、交叉、放射、扭转、渐变等构成形式,来表现服装造型风格。

(a)　　　　　　　　　　　(b)

图 6-13　条纹是针织服装中最常见、最具有特征的"线"

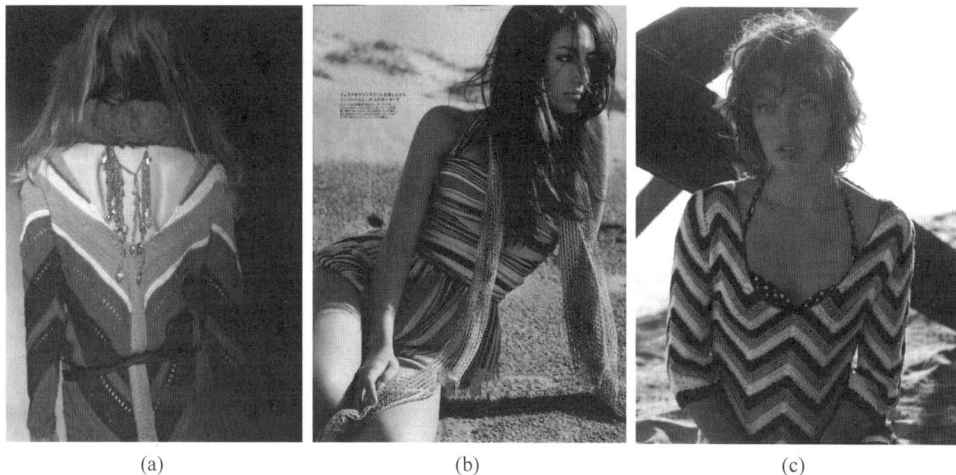

(a)	(b)	(c)

图 6-14　不同图案的条纹

3. 面元素在针织服装中的运用

面是线在宽度上的不断增加以及线的运动轨迹，是点和线的扩大。几何学里的面可以无限延伸，但却不可以描绘和制作出来。造型设计中的面可以有厚度、色彩和质感，是比"点"感觉大，比"线"感觉宽的形态，其形态具有多样性和可变性。它包括几何形的面和任意形的面。

面的造型构成是在服装立体形上利用平面的面料，以重复、渐变、扭转、折叠、连接等结构形式，使服装具有虚实量感和空间层次感。面在针织服装设计中，起着衬托点、线的作用，它决定着服装色彩及明暗的总体格调。针织服装上的面主要表现在以下几部分。

1）裁片

服装是衣服的各种裁片组合而成的，除了极少的点、线形式的裁片以外，大部分服装裁片都是一个面，服装是由这些面拼接而成，如图 6-15（a）所示为彩色几何形裁片镶拼的针织服装。

(a)	(b)	(c)

图 6-15　面元素在针织服装中的运用

2）服装的零部件

服装上实用性的零部件如口袋、领子等，装饰性的部件如披肩领、大贴袋等，作为服装局部面造型零部件，是对服装整体造型的补充，如图 6-15(b)所示。

3）服装上的装饰图案

针织服装上经常会使用大面积装饰图案，而且图案往往会成为一件衣服的特色，形成视觉中心。装饰图案可以在很大程度上弥补单调感，大面积使用几何形装饰图案的服装造型利落，结构简单，重点突出，如图 6-15(c)所示。

在四大造型要素中，面的表现最为明显。面在服装上可以表现出层次感，如多层服装裁片的叠层缝合；也可以使服装表现出繁复感、旋律感和重量感；还可以使服装具有幅度感和张力感。

4. 体元素在针织服装中的运用

体是面的移动轨迹和面的重叠，是有一定广度和深度的三维空间，点、线、面是构成体的基本要素。造型设计中的体有色彩、有质感。

体在针织服装上的表现形式主要为明显凸出整体的较大零部件，或服装表面处理的明显凹凸。体造型形式的服装显得有层次感、分量感，服装体感强。服装中的造型通过服装表面处理、零部件、饰品等来表现。

1）服装表面处理

服装表面处理包括面料褶皱处理，面料反复堆积及用绳带、抽褶反复系扎面料等，如图 6-16(a)所示。

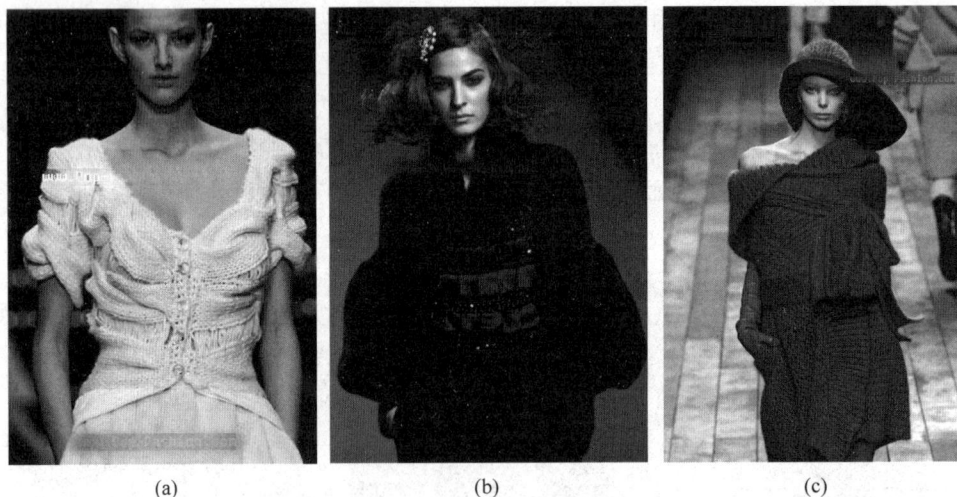

图 6-16　体元素在针织服装中的运用

2）零部件

较大零部件的运用能使服装更具体积感。如图 6-16(b)所示，休闲服装上设计类似宫廷服装的灯笼袖，造型夸张、有较强的体积感。

3）饰品

服装上三维效果较突出的饰品有包袋、帽子、手套等。这类体感明显的服饰品也是服装整体搭配中最常见的，使用最多的，如图 6-16(c)所示。

6.3.3　平面构成元素在学生设计作品中的体现

根据对针织服装设计中造型要素——线的理解所设计的系列作品《永相连》,作者为上海工程技术大学服装设计与工程专业学生徐丹萍,如图 6-17 所示。

图 6-17　学生作品 3

线条是人们表达想法所运用的最简单、最直接的形式,也是服装设计构成要素之一,在此系列针织服装中,主要的构想就是运用各种不同质感的线条互相缠绕,对服装造型进一步进行解构,产生独特的服装效果。同时运用了针织柔软、有垂感的线条和梭织相对刚硬的线条进行对比烘托,最后《永相连》就应运而生了。

现代针织面料丰富多彩,已经进入了多功能与高档化的阶段,各种肌理效应,不同功能的新型针织面料给针织服装带来前所未有的感官效果和视觉效果。对点、线、面、体四大造型要素特征的探讨,可以更好地理解美的规律,掌握美的法则,从而避免公式化、程式化、理论化,进而激发创造性思维,在针织服装设计中有意识地运用这些要素,创造新颖的视觉效果和服装造型,拓展设计思路。

第7章 手动横机分类和编织方法

7.1 手动横机简介

7.1.1 横机分类

编织全成形针织服装的机器称为横机。横机分为手动横机和计算机横机。本章主要介绍手动横机。手动横机又分为工业用手摇横机和家用编织机。

7.1.2 工业用手摇横机

工业用手摇横机于 20 世纪八九十年代在我国毛衫企业广泛使用,但由于手摇横机需熟练工人手动操作,近年我国劳动力成本飙升,且编织花型有限,手摇横机已越来越少在我国毛衫企业使用。手摇横机的基本操作如视频 7-1 所示。

视频 7-1 手摇横机
基本操作

7.1.3 家用编织机

家用编织机原先仅在家庭小范围使用,但随着近年来针织工作室、独立针织设计师、小众品牌等的异军突起,家用编织机以其上手快、价格亲民、较大的灵活性和创意空间,越来越受到众多针织专业人士的青睐,国内外高等服装教育院校纷纷开设家用编织机课程。其中,国产品牌 Silver Reed(银笛牌)编织机大受欢迎,尤其是 SK280 花卡(打孔卡)编织机市场占有率很高。此标准型花卡编织机的设计注重平滑且无故障的动作和耐久性。由于其独特的花卡-鼓轮选针系统及其他先进的特点,即使是新手也能通过一定的学习在编织机上编织出专业的作品。该型编织机为提供更大的灵活性,可以选购各种任选件,可使编织者随着编织技巧的进步,逐步给编织机升级。其主要编织功能有平针(stockinet)、提花(fair isle)、独立花、集圈、架、空花、浮雕、添纱等。

SK280 银笛编织机的技术参数如下所示。

针距:4.5mm(5.6G)

针数:200 针

重量：11.8kg

尺寸(长×宽×高)：1100mm×205mm×93mm

标准花样宽度：24

7.2 银笛编织机操作方法和常用编织方法

7.2.1 银笛编织机操作方法

银笛编织机的基本操作步骤包括穿纱、起针、编织、下机等。

1. 穿纱

将准备参加编织的纱线穿过挑线簧和导纱孔,根据纱线的粗细调整适当的导纱张力,为纱线顺利编织做好准备,具体操作过程如视频 7-2 所示。

2. 起针

将需要参加编织的织针用起针板推至编织位置,将纱线按 e 形起针法逐针绕在织针上,具体操作过程如视频 7-3 所示。

视频 7-2　穿纱　　　　　　视频 7-3　起针

3. 编织

通过推动机头左右往返工作,使织针针踵受三角作用上下运动,完成纱线编织的动作,实现新老线圈的互相穿套而形成针织物,并在织物底边悬挂穿纱板和小重锤使编织顺利进行,具体操作过程如视频 7-4 所示。

4. 下机

当编织完成后,通过切断喂入织针的纱线或两针并一针的收针方式,将织物从织针上逐针脱离下机,具体操作过程如视频 7-5 所示。

视频 7-4　编织　　　　　　视频 7-5　下机

7.2.2 银笛编织机常用编织技法

银笛编织机常用的编织技法包括条纹、挑孔、浮线、提升、拉长线圈、编织、提花、局部编织等。

1. 条纹(stripe)

当一种颜色的纱线编织完若干行后,再换另一种颜色的纱线编织若干行,如此反复交替编织,就可以在织物上形成宽窄不同的条纹,具体操作过程如视频 7-6 所示。

2. 挑孔（eyelet）

将相邻织针上的线圈通过传线器转移到相邻织针上,没有线圈的织针仍在编织位置上,通过接下来两行的编织,就会在这个没有线圈的织针上形成孔眼,具体操作过程如视频 7-7 所示。

视频 7-6　条纹　　　　　　　　　　视频 7-7　挑孔

3. 浮线（ladder）

将织针上的线圈通过传线器转移到相邻织针上,没有线圈的织针退出工作位置,接下来编织若干行,就会在这个没有线圈的织针上形成梯子状的浮线。连续相邻退出工作位置的织针越多,浮线就越长。具体操作过程如视频 7-8 所示。

4. 提升（lift）

编织若干行后,将先前编织的数个相邻线圈或整行的线圈通过穿线器提升至当前的织针上,形成褶皱的外观效果,具体操作过程如视频 7-9 所示。

视频 7-8　浮线　　　　　　　　　　视频 7-9　提升

5. 拉长线圈（drop stitch）

在纱线编织成圈时,通过人为的方法刻意将线圈拉长至原来的数倍,形成稀疏拉长的外观效果,具体操作过程如视频 7-10 所示。

6. 编织（weaving）

以梭织垫入纱线的方法将无法相互穿套成圈的花式纱线、蕾丝、金属饰件等固定在织物上,丰富织物的肌理效果,具体操作过程如视频 7-11 所示。

7. 提花（jacquard）

通过花卡上有孔和无孔可以实现在一行上编织两种不同颜色的线圈,称为提花组织。通过提花图案的设计,可以编织出富有创意和趣味的图案,具体操作过程如视频 7-12 所示。

视频 7-10　拉长线圈　　　　视频 7-11　编织　　　　视频 7-12　提花

图 7-1 为使用红、白两种颜色的纱线在银笛编织机上织出的抽象图案提花组织小样。

8. 局部编织（partial knitting）

局部编织是通过使持有线圈的某些织针暂时停止工作,待需要时再使其重新进入工作的一种编织方法。可以通过局部编织形成立体结构和花式效应。

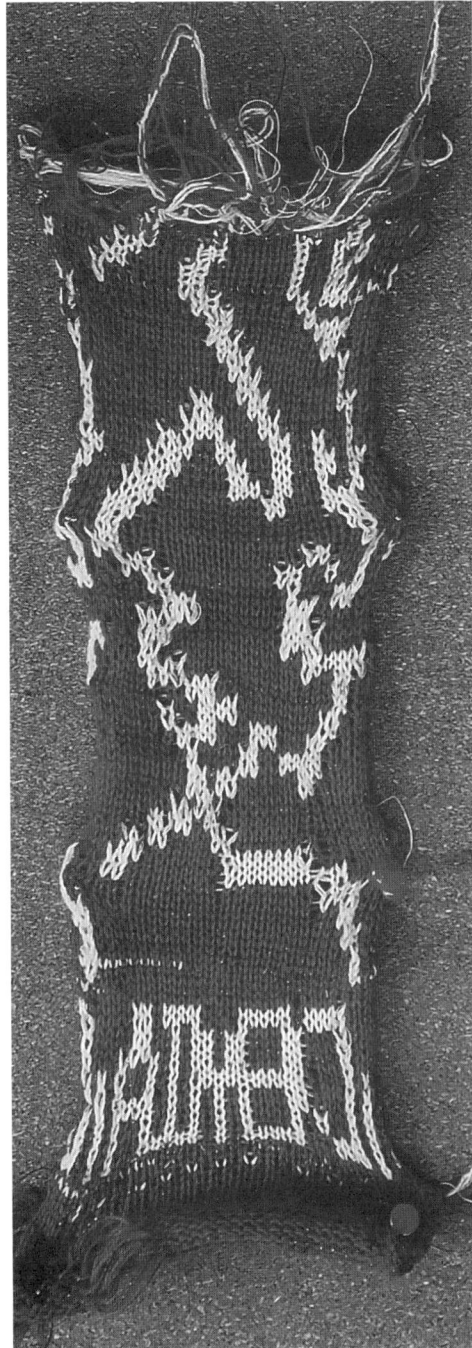

图 7-1 抽象图案提花组织小样

第8章 全成形针织服装工艺与生产流程

8.1 全成形针织服装工艺

8.1.1 全成形针织服装工艺设计内容

全成形针织服装工艺设计是综合考虑产品的款式、规格尺寸、测量方法、编织机械、组织结构、密度、成衣重量要求等多方面的因素，而制定出合理的操作工艺和生产流程，力求得到最短、最合理的工艺路线，是保证全成形针织服装质量和产量(效率)的前提。

全成形针织服装的设计流程如下：设计构思→绘制纸样→小样试织→确定编织、成衣工艺→头样试织→修改编织、成衣工艺→修改样试织→试样完成→建立工艺参数档案→批量试织物→修改工艺参数→大批量生产→产品销售→反馈信息。

全成形针织服装工艺设计主要包括设计构思(产品分析)、确定生产操作工艺、制定缝制工艺流程与质量要求、制定后整理工艺及质量要求。

1. 设计构思(产品分析)

(1) 根据产品款式、配色、图案等选用纱线(原料、色泽和线密度)。

(2) 确定织物所采用的组织结构。

(3) 确定横机的型号和机号。

(4) 确定产品的规格尺寸和测量方法。

(5) 考虑缝制条件：机型及指定缝合质量要求。

(6) 考虑后整理工艺(如水洗、整烫等)，并考虑质量要求。

(7) 考虑产品所采用的修饰工艺以及所需的辅助材料(如毛边、花边等)。

(8) 考虑产品所采用的商标形式(如组织结构影响)及包装方式(如拉毛款)。

2. 确定生产操作工艺

(1) 通过款式要求得到衣片形状。

(2) 通过试验小样，确定出织物的回缩率及成品密度。

（3）通过理论计算编织工艺，制定编织操作工艺单。

工艺员的工作就是形成衣片的形状，然后由系统自动生成工艺。确定生产操作工艺的整个流程如图 8-1 所示。

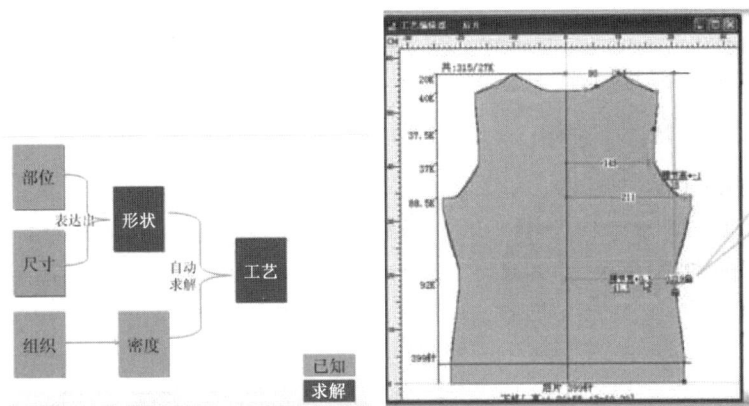

图 8-1　确定生产操作工艺的整个流程

人体部位和衣片尺寸的关系，如图 8-2 所示。

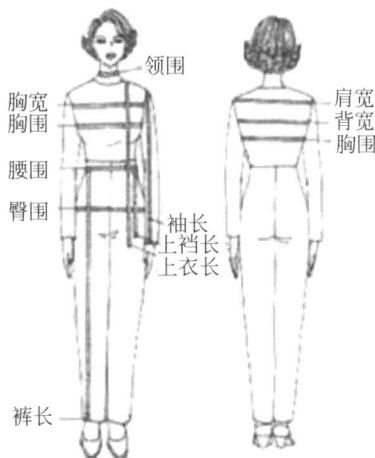

图 8-2　人体部位和衣片尺寸的关系

款式：由不同的衣片组成。

衣片：由其形状来区分。

形状：由多个部位连接而成。

部位：由以下方式构成。

- 基点：该部位从什么地方开始测量。
- 尺寸：测量的尺寸是多少。
- 因素：在尺寸的基础上，通过因素进行调节。

3. 制定缝制工艺流程与质量要求

缝制工艺分为套口款和平车款，如图 8-3～图 8-5 所示。

图 8-3　套口机

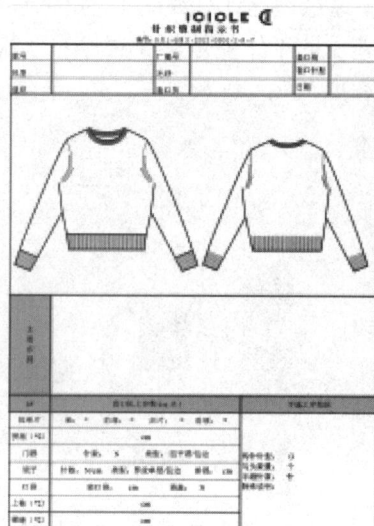

图 8-4　缝制指示书

图 8-5　平车款

（1）确定使用缝纫机的型号和规格。

（2）制定各缝纫工序的质量要求。

（3）经济合理地按照缝纫(包括修饰)工艺流程。

4. 制定后整理工艺及质量要求

制定产品最佳的缩绒工艺及其他整理工艺。正确选用后整理设备的型号、规格，以及工艺的质量要求，水洗工艺信息记录表如表 8-1 所示。

表 8-1　水洗信息记录表

样板号：		纱线：					
厂编号：		针型：			时间：		
织片处理方法：		蒸片：			小烫烫片：		烫片机烫片：
助剂选择：							
中性洗涤剂		高级点油精			渗透剂		威洁宝
808 去油污剂		膨松剂			羊绒柔软剂		羊绒平滑剂
全棉柔软剂		无醛环保固色剂			通用柔软剂		大洁王
促进剂		美国洁霸			起毛剂		蓬松起毛剂
助剂选择：							
毛衫锈油灵		洁净膨松宝			无硅 Q 弹宝		
新膨松宝		酵素冻色防染			黄精灵		
环保枪水							
a. 清水洗		b. 干洗			c. 石油干洗		
序号	工序步骤	时间	温度		其他问题记录：		
1	浸泡						
2	洗涤						
3	清洗第一遍						
4	清洗第二遍						
5	清洗第三遍						
6	柔软						
7	脱水						
8	滚筒烘干						
9	烘房烘干						
10	自然烘干						

样衣反馈：

常见后整理工艺如下：

制作成衣后进行整理，常见的整理方法有缩绒、拉毛、强缩、防起球整理、整烫定型、整理等工艺，如图 8-6、图 8-7 所示。

1）缩绒

缩绒是指在一定湿热机械力作用下，使羊毛衫产生缩绒毡合的加工过程。因为毛纤维表面鳞片(图 8-8)产生定向移动，使纤维间相互穿插纠缠，结果使毛织物纵横向收缩，面积变小，厚度增加，表面露出一层绒毛，令外观变得更美观，手感丰厚、柔软、滑爽且保暖性好。

图 8-6　绣花位置

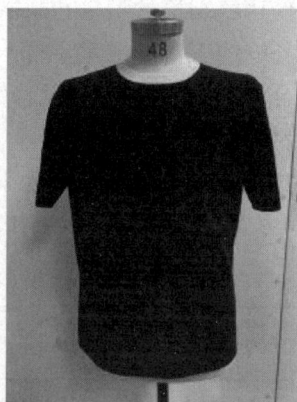

图 8-7　辅助整烫(先烫片再平车)

缩绒过程中要严格控制工艺条件,防止过度缩绒,产生毡缩,使织物弹性消失,手感发硬。

缩绒常采用干洗、水洗、湿烫、吊烘、直接烘干、自然晾干的方法(图 8-9)。

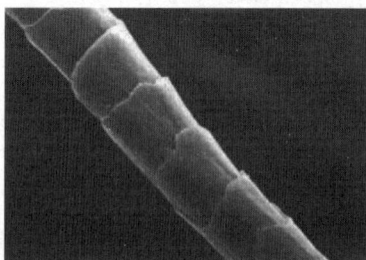

图 8-8　毛纤维表面鳞片结构

图 8-9　缩绒中的直接烘干工序

2) 整烫定型

在整烫台(图 8-10)上对毛衫进行整烫,使毛衫尺寸持久、稳定,外形美观,表面平整,具有光泽,绒面丰满,手感柔软,富有弹性。

整烫定型的主要步骤如下。

加热:利用产品可塑性的特点,不同原料定型温度不同。

给湿:加热过程中需要同时给湿,保持一定的湿度环境。

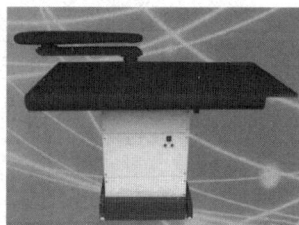

图 8-10　毛衫整烫台

加压:在一定温湿度及定型板作用下,以熨斗给服装施加适当的压力,使纤维分子重新排列、固定。

冷却:经加热、加湿、加压后,衣服表面变得平整,但需要冷却才能巩固和稳定定型效果。

毛衫整烫特点如下:

(1) 易产生鸡爪印组织,需要湿烫。

（2）深色细针组织易产生极光。

（3）要保证线圈结构的立体感。

（4）可以整烫造型（领子弧度）。

（5）细节（圆角、方角）分明。

（6）尺寸相对面料灵活性大，可调节。

3）拉毛

利用机械外力将针织物表面的纤维拉出，产生一层绒毛，使织物手感柔软，外观丰满、厚实，保暖性增强，拉毛的效果如图 8-11 所示。

图 8-11　经拉毛后的毛衫

拉毛与缩绒的区别：拉毛只在织物表面起毛，而缩绒在织物两面或内部起绒；拉毛对地组织有损伤，缩绒不损伤地组织。

4）强缩

羊毛织物通过毡化工艺处理，使织物的原有面积缩小。当缩小面积超过 40％时，称为强缩，如图 8-12 所示。

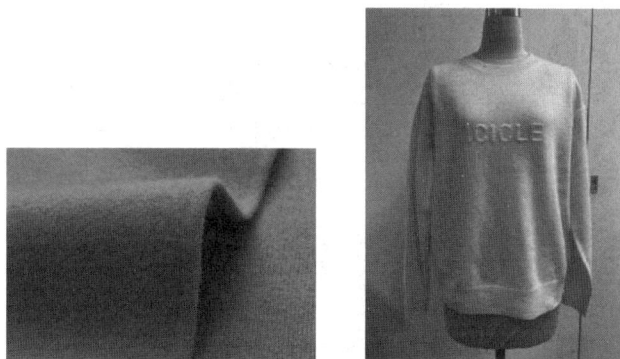

图 8-12　经强缩后的毛衫

8.1.2　毛衫成型方法及原理

梭织工艺流程：坯布/纸样→裁剪→车缝→水洗→ 整烫→成衣，如图 8-13 所示。

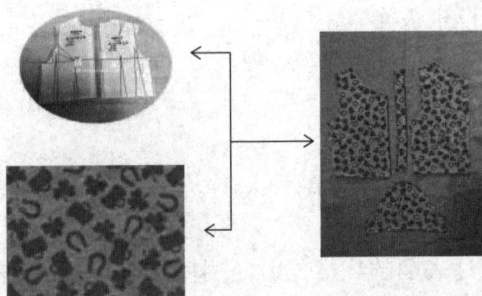

图 8-13　梭织工艺流程

毛衫工艺流程：纸样/纱线/工艺计算、程序→编织衣片→缝合→水洗→整烫→成衣，如图 8-14 所示。

图 8-14　毛衫工艺流程

在横机上编织的针织服装主要有全成形（图 8-15）、半成形的单件衣片（图 8-16）以及连续衣片（图 8-17）。

图 8-15　全成形无缝成衣

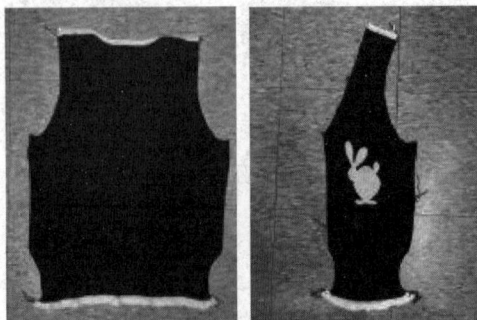

图 8-16　STOLL 衣片

图 8-17　套口成衣

针织的线圈结构和针织工艺的特殊性使其可以直接上机编织成针织服装,即利用针织机在编织中改变针床的针数而改变织物的幅宽,或利用编织密度变化和织物组织变化、收放针来改变造型。

1. 起口

起口是指在无旧线圈的空针上直接垫纱编织第一个横列线圈的过程。起口一般采用罗纹组织,因为罗纹组织弹性好,幅宽窄,适合作为下摆和袖口。常见起口组织还有空转、搓板针、谷波、卷边、蕾丝花型边等,如图 8-18 所示。

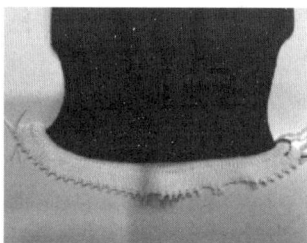

图 8-18　不同的起口组织

2. 翻针

编织完罗纹下摆或袖口后,如衣片的衣身或袖身是单面组织,则需要通过移动针床或线圈达到所需要组织的排针。

3. 收针

收针是通过各种方式减少参与编织的织针针数,从而达到缩减编织物宽度的目的。收针方法主要有留条收(明收)、边收(暗收)、拷针(脱圈式收针)和来回编(握持式收针)。

1)留条收(明收)

留条收移圈的针数大于减去的针数。

特点:通常在毛衫挂肩、袖笼、领子等部位,有收花痕迹,如图 8-19、图 8-20 所示,起到装饰作用,但耗时较长。

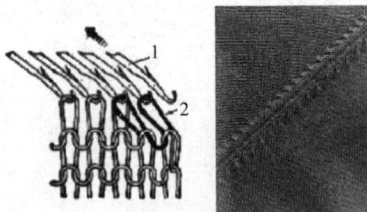

图 8-19　明收针示意图和实物图

图 8-20　明收针毛衫

2）边收（暗收）

边收移圈的针数等于减去的针数，使边针线圈重叠。

特点：通常用于侧缝，花型织物等，如图 8-21 所示，织物边缘变厚，不利于缝合，但节省时间。

3）拷针（脱圈式收针）

拷针指把线圈直接从针上脱下，织针退出工作。

特点：方法简单，效率高，单线圈易脱散。常用于腋下、领子等处。

图 8-21　暗收针示意图

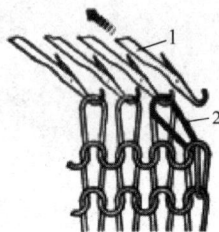

4）来回编（握持式收针）

来回编指使参与编织的针数逐渐减少，处于休止状态，收针结束后，再编织若干横列，以便于缝合和防止脱落。

特点：收针缝合处平滑，没有收针花。用于局部编织和形成立体效果（收省道）。

5）放针

放针是通过各种方式增加参与编织的织针针数，从而达到使编织物加宽的目的。放针方法主要有明放针、暗放针。

（1）明放针：使邻近需增加的织针进入工作状态后，将织物边缘的若干纵行线圈依次向外转移。

特点：通常在挂肩等部位，有放针花痕迹，如图 8-22 所示，放针的同时起到装饰作用，耗时相对较长。

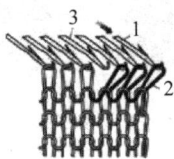

图 8-22　明放针示意图和实物图

（2）暗放针：直接使邻近需增加的织针进入工作状态。

特点：通常用于袖底缝、花型织物等，如图 8-23 所示，节省时间。

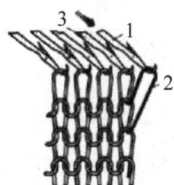

图 8-23　暗放针示意图和实物图

8.1.3 毛衫常用款式版型

1. 正肩款式

正肩款式是针织毛衫中最常见的款式,对应梭织服装中的装袖,衣身有袖窿的设计,袖片的袖山高数值较大,领部设计为套头圆领,是比较合身贴体的风格(图 8-24)。

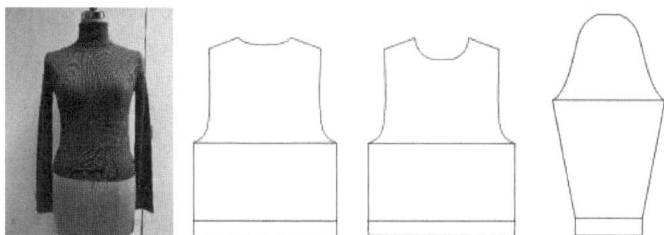

图 8-24　正肩款式和版型

2. 落肩款式

落肩款式是针织毛衫中较宽松随意的款式,版型相对简单,衣身无袖窿的设计,袖片的袖山高数值较小,领部设计为套头圆领。落肩款毛衫穿在身上,袖片与大身缝合处落在肩点以下,是比较宽松休闲的风格(图 8-25)。

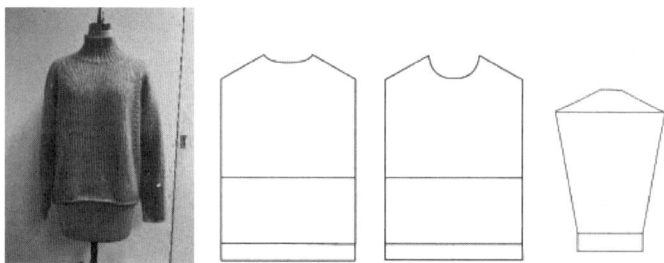

图 8-25　落肩款式和版型

3. 插肩款式

插肩款式是针织毛衫中较休闲运动的款式,衣身挂肩呈斜线型,与袖片的袖窿曲线相匹配,领部设计为套头圆领。插肩款毛衫适合在运动休闲的场合穿着,显得年轻有活力(图 8-26)。

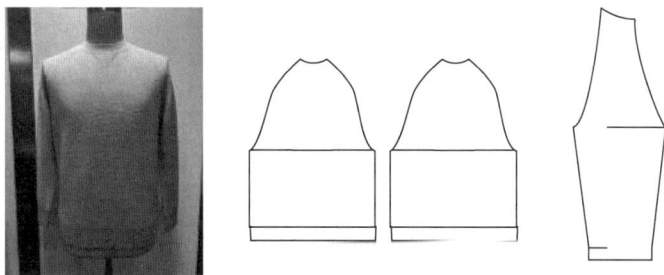

图 8-26　插肩款式和版型

4. 蝙蝠衫

蝙蝠衫是针织毛衫中较独特的款式,对应梭织服装中的连袖,由于大身和袖片连为一体，腋下有较多的余量，领部设计为套头一字领。蝙蝠衫穿在身上随意而有个性(图 8-27)。

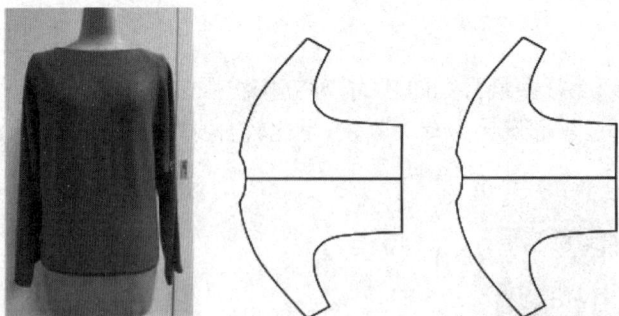

图 8-27　蝙蝠衫款式和版型

5. 开衫

开衫是针织毛衫中较端庄典雅的款式，版型与正肩款式类似，只是前片分为左右两片，穿着时可敞开也可闭合，通常需要门襟和开钮，因此工艺上比套头衫要复杂一些。开衫在正式场合和休闲场合均可穿着(图 8-28)。

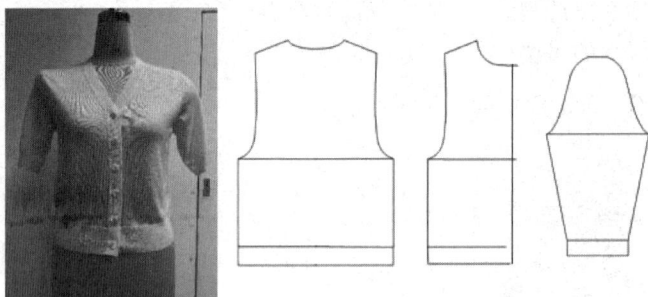

图 8-28　开衫款式和版型

8.1.4　毛衫工艺计算

1. 常规工艺计算流程

1）小样试验

编织小样和水洗小样，计算坯布缩率及密度。如图 8-29 所示，测量小样横密和纵密，计算坯布缩率。

横密：单位长度内的针数(N/10cm)。

纵密：单位长度内的转数(K/10cm)。

缩率：缩后密度/缩前密度×100%。

2）绘制纸样

绘制纸样(图 8-30、图 3-31)，得到符合要求的样板。

3）工艺计算

以成品密度为基础，根据产品部位的规格尺寸，计算所需针数(宽度)、转数(长度)、排针方法等。

图 8-29　编织小样和水洗小样

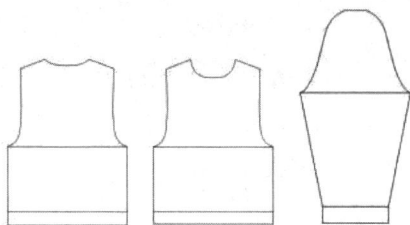

图 8-30　绘制纸样

图 8-31　将曲线转化为直线进行收放针分配

其中,毛衫挂肩、袖肥与袖山高的关系是工艺计算中的难点,其规律总结如下:运动舒适性随着袖山高的减少而增加,袖子的造型美观性随袖山高的增加而增强,这样就形成了美观与舒适之间的矛盾。确定袖窿和袖山的关系,是解决这一矛盾的关键。

(1) 挂肩。

确定挂肩长度(AH)。

贴身款:17~19cm

正常款:19~21cm

宽松款:21~25cm

具体挂肩长度按款式、纱线特性、坯布弹性等来确定。

$$AH＝前挂肩弧长＋后挂肩弧长$$

(2) 袖肥。

确定袖肥长度。

贴身款:11~13cm

正常款:13~16cm

宽松款:16~23cm

具体袖肥按纱线款式、特性、坯布弹性等来确定。

(3) 袖山高。

当前后挂肩弧线的长度确定后,袖山弧线的长度就等于前后挂肩弧线的长度加上袖山的吃势量,吃势量的大小要根据袖子的造型、坯布的弹性等因素决定,一般为 0~2cm。

袖肥确定好以后,袖山高就会随着 AH 的长度变化而变化。

$$袖山高＝AH/3－3$$

随着衣袖合体度的变化,袖窿弧线和袖山弧线的弧度也在变化,它们均随着衣袖宽松度的加大而变得越来越平缓。贴体袖和合体袖的袖山弧线凹凸非常明显,是由于自身形成的椭圆形状决定的,相对应的袖窿也应是一条曲度较大的弧线。

宽松袖的袖山弧线已变成了一个很平滑的曲线,相对于这条弧线的袖窿也应变得很平滑。

袖窿与袖山弧线的曲度呈正比,如果一个弯曲度很大的袖窿,配一个曲度很小的袖山,或者相反,这样的结果是袖肩处缺量而出现绷拽现象,或者袖肩处产生多余的量而不平服。

2. 纸样与工艺

纸样与工艺如图 8-32~图 8-34 所示。

测量示意图

领子2×2罗纹双层

下摆、袖口四空直接编织
起底做紧密

前片中3条0.5cm编空转
间距为4cm
后中做1条0.5cm编空转

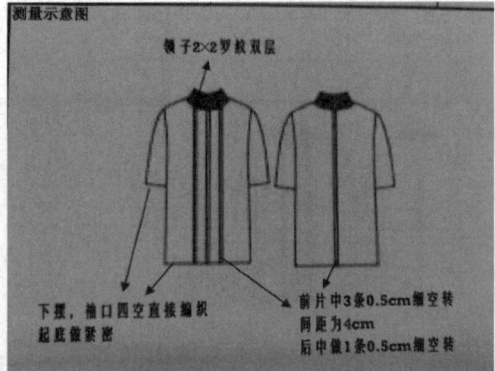

工艺说明：
1.领子套口要圆顺精致；
2.前后片空转套口要直，空转
密度要紧致。

图 8-32 毛衫纸样与工艺说明

品名:		短袖套衫		品牌:	ICICLE	工厂	闵行工厂
样板号	A2-321-4704	纱线成份	100%RV	内部编号	0	下单日期	
纱线名称	"针织RV/纱线"英语编织"	纱线支数	2/48	针型	16G×1P	预计完成日期	
纱线编号	YRN00C01	纱线供应商	扬子	组织	四空	实际完成日期	

	规格尺寸: CM	测量方法:	4#	6#	公差范围
1	前衣长 (领肩点)	Front Body Length(from HPS)	57	59	±1.0
2	后衣长 (领肩点)	Back Body Length(from HPS)	57	59	±1.0
3	胸宽	Body Width(3CM below armhole seam)	44	46	±1.0
4	小胸宽	Body Seam Width(seam x 袖窿点下12.80)	33	34	±0.5
5	腰宽	Waist (30cm from HPS)			
6	臀宽 (领肩点下)	Hip Width(36cm from HPS）			
7	下摆宽 (放松)	Sweep(relaxed)	44	46	±1.0
8	下摆罗纹高	Bottom Trim Height			
9	肩宽 (缝点至缝点)	Shoulder Width(seam to seam)	37	38	±0.5
10	挂肩 (直量)	Armhole(straight, seam to seam)	20	21	±0.5
11	肩斜	Shoulder Slope	3.5	3.5	±0.2
12	领宽 (外量)	Neck Width (outside)	18	18	±0.5
13	领高	Neck Trim Height(seam to edge)	5	5	±0.2
14	前领深 (领肩点)	Front Neck Drop(from HPS to seam)	10	10	±0.5
15	后领深 (领肩点)	Back Neck Drop(from HPS to seam)	2	2	±0.2
16	袖长	Sleeve Length	26	27	±1.0
17	袖肥 (夹下2cm)	Muscle(2cm below a/h)	15	16	±0.5
18	袖肘	Elbow (28cm from cuff)			
19	袖口宽 (放松)	Cuff Opening(relaxed)	12.5	13	±0.2
20	袖口罗纹高	Cuff Trim Height			
21	门襟宽	Placket W/			
22	口袋罗纹高	Pocket Trim Height			
23	口袋罗纹宽	Pocket Trim Width			
24	口袋宽	Pocket Width			
25	口袋高	Pocket Height			
26	帽宽	Noodle Width			
27	帽高	Noodle Height			
	重量	WEIGHT		276g	

图 8-33 毛衫规格尺寸与测量方法

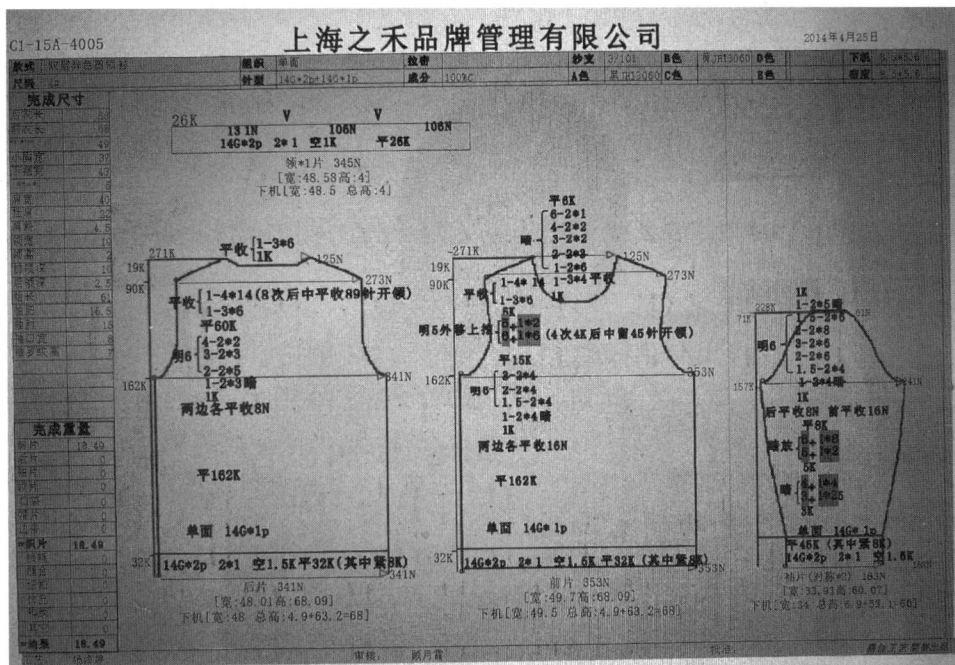

图 8-34 毛衫生产工艺单

8.2 全成形针织服装生产流程

一件全成形针织服装从纱线到成品需要经过多道工序,每一道工序都非常重要,需要操作人员非常细心、耐心、认真地去完成,才能最终生产出一件高品质的全成形针织服装,具体工序包括纱线入库、络筒(倒毛)、编织、检验衣片(验片)、套口、手缝、洗水与缩绒、生检与平车、整烫、成品检验(成检),以下一一予以介绍。

8.2.1 纱线入库

一件全成形针织服装是从纱线开始的,首先需要购买符合设计要求的纱线,通常为绞纱,为保证质量,需要进行纱线检验和审核入库。

纱线检验:包括纱线颜色、品类、强度、均匀度等。

审核入库:由专门的纱线检验人员对纱线进行审核,合格后运入仓库。

8.2.2 络筒(倒毛)

绞纱需要通过络筒机进行络筒才能上机编织。络筒时会给纱线上蜡、均匀张力、去除纱疵,为纱线顺利编织做好准备。纱线络筒和打蜡过程见视频 8-1。

视频 8-1 纱线络筒和打蜡

8.2.3 编织

在编织前首先要根据全成形针织服装的款式进行制版,然后在横机上进行衣片编织。

8.2.4 检验衣片(验片)

衣片织好下机后需要查验疵点及不良,如发现疵点需仔细进行修补。

8.2.5 套口

经过验片工序后的衣片需进行套口才能组合成一件全成形针织服装。以上装为例,需

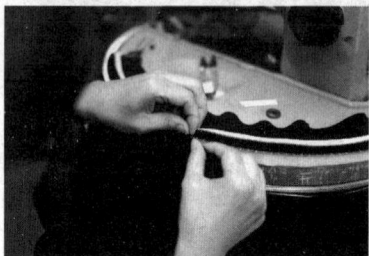

图 8-35 套口工序

进行前后衣片的缝合、袖片袖窿与衣片挂肩的缝合、领片与衣片领窝的缝合,如图 8-35 所示。

套口工艺细节(毛衫套口需要对眼)的要求如下所述。

拉单片:防止拆纱后线圈脱散。

套口线:张力合适,线脚具有弹性。

合大身:防止搭丝。

装袖:弧度圆顺。

上领:吃势均匀,弧度圆顺。

8.2.6 手缝

要想获得一件高品质的全成形针织服装,需要很多手缝工作,例如勾线头、藏辫子、缝合领口。

8.2.7 洗水与缩绒

全成形针织服装在横机上编织衣片,有时会有油渍,因此成衣一定要洗净去污。为了保证毛衫的尺寸稳定性和良好手感,对羊毛羊绒产品有起绒的要求,所以洗水后需要进行缩绒并烘干,以达到好的绒面和手感。毛衫工厂需具备全自动洗水机、干洗机、烘干机、烘房,如图 8-36 所示。

图 8-36 毛衫洗水设备

洗水、缩绒的工艺细节的要求如下所述。

浸泡:完全浸透毛衫。

净洗:洗去油污脏污。

起绒:控制绒面,追求手感及舒适性最佳。

脱水:脱去水分,便于烘干。

烘干:使得绒面更立挺,手感蓬松。

8.2.8 生检与平车

经过洗水缩绒后的全成形针织服装需要查验成品疵点,挑出不合格品,称为生检。对生检合格的产品要踩商洗标、钉纽扣,称为平车。

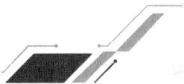

8.2.9 整烫

经过生检、平车后的全成形针织服装需要整烫，以达到尺寸控制、高温定型、衣面平整，如图 8-37 所示。

整烫关键环节如下所述。

加热：利用热塑性进行定型。

给湿：辅助整烫定型。

加压：使得毛衫平整。

冷却：整烫后的毛衫经冷却后才能定型。

8.2.10 成品检验（成检）

经过整烫的全成形针织服装需要成品检验，包括查看污迹，核对尺寸，查验尺码标、商洗标，挂吊牌，包装，如图 8-38 所示。

图 8-37 整烫工序

图 8-38 成品检验工序

8.3 计算机横机全成形针织服装工艺建模

全成形针织服装可通过手工编织、手摇横机和计算机横机三种方式织造完成。目前，随着人力劳动成本的不断攀升，全成形针织服装的工业化生产已大多采用计算机横机完成。因此，本书主要介绍采用计算机横机进行全成形针织服装的编织方法，由于 STOLL 计算机横机在全成形针织服装织造中的引领地位，本书主要介绍 STOLL 计算机横机生产流程。

在 STOLL 计算机横机上织造全成形针织服装前，首先要通过 M1 PLUS 软件完成工艺建模。在进行工艺建模前要完成全成形服装的工艺计算和制版，绘制工艺单，如图 8-39 所示。下面以经典羊毛开衫为例，讲解计算机横机全成形服装工艺建模步骤。

8.3.1 后片、前片、袖片建模

1. 后片、前片、袖片工艺建模

在 STOLL 花型软件 M1 PLUS 中分别进行后片、前片、袖片的工艺建模，具体过程见视频 8-2。

2. 载入后片模型，细节处理

在 STOLL 花型软件 M1 PLUS 中载入后片模型并进行细节处理，具体过程见视频 8-3。

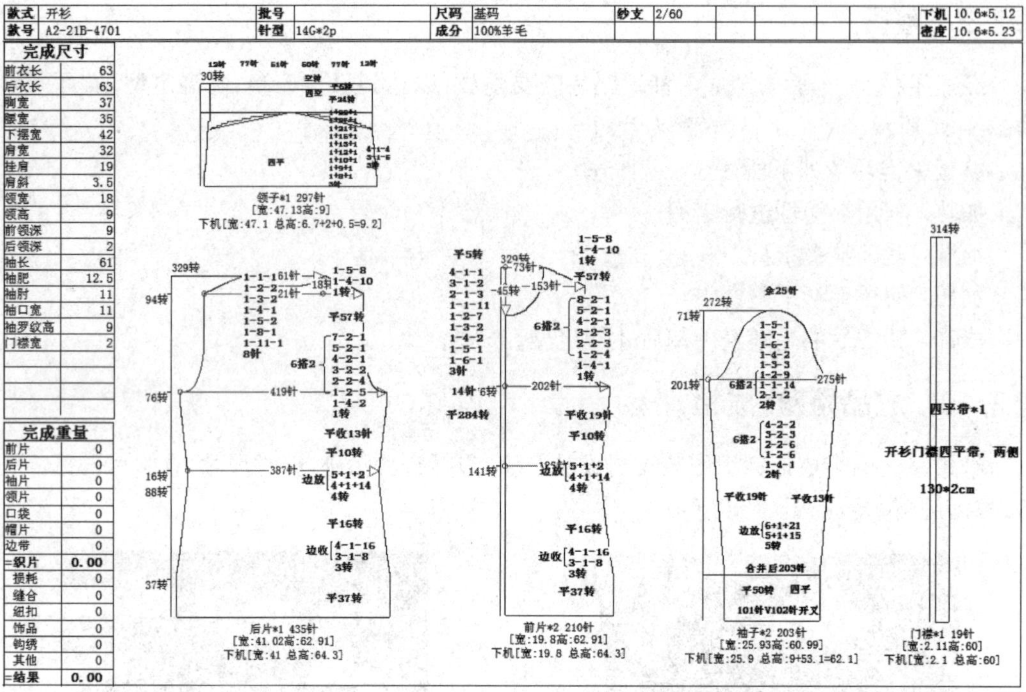
款式 开衫
款号 A2-21B-4701
批号
针型 14G*2p
尺码 基码
成分 100%羊毛
纱支 2/60
下机 10.6*5.12
密度 10.6*5.23
完成尺寸
前衣长 63
后衣长 63
胸宽 37
腰宽 35
下摆宽 42
肩宽 32
挂肩 19
肩斜 3.5
领宽 18
领高 9
前领深 9
后领深 2
袖长 61
袖肥 12.5
袖肘 11
袖口宽 11
袖罗纹高 9
门襟宽 2
完成重量
前片 0
后片 0
袖片 0
领片 0
口袋 0
帽片 0
边带 0
=织片 0.00
损耗 0
缝合 0
纽扣 0
饰品 0
钩绣 0
其他 0
=结果 0.00
领子*1 297针
[宽:47.13高:9]
下机[宽:47.1 总高:6.7+2+0.5=9.2]
后片*1 435针
[宽:41.02高:62.91]
下机[宽:41 总高:64.3]
前片*2 210针
[宽:19.8高:62.91]
下机[宽:19.8 总高:64.3]
袖子*2 203针
[宽:25.93高:60.99]
下机[宽:25.9 总高:9+53.1=62.1]
门襟*1 19针
[宽:2.11高:60]
下机[宽:2.1 总高:60]
四平带*1
开衫门襟四平带，两侧
130*2cm

图 8-39 经典羊毛开衫工艺单

视频 8-2 后片、前片、袖片工艺建模

视频 8-3 载入后片模型进行细节处理

3. 载入前片模型，细节处理

在 STOLL 花型软件 M1 PLUS 中载入前片模型并进行细节处理，具体过程见视频 8-4。

4. 载入袖片模型，细节处理

在 STOLL 花型软件 M1 PLUS 中载入袖片模型并进行细节处理，具体过程见视频 8-5。

视频 8-4 载入前片模型进行细节处理

视频 8-5 载入袖片模型进行细节处理

8.3.2 领子建模

1. 领子工艺建模

在 STOLL 花型软件 M1 PLUS 中进行领子的工艺建模，具体过程见视频 8-6。

2. 领子创建底图

在 STOLL 花型软件 M1 PLUS 中对领子创建底图，具体过程见视频 8-7。

视频 8-6 领子工艺建模

视频 8-7 领子创建底图

3. 领子细节处理

在 STOLL 花型软件 M1 PLUS 中对领子进行细节处理,具体过程见视频 8-8。

4. 领子插入废纱、排纱嘴、Sintral 检验

在 STOLL 花型软件 M1 PLUS 中对领子插入废纱、排纱嘴、Sintral 检验,具体过程见视频 8-9。

视频 8-8 领子细节处理

视频 8-9 领子插入废纱、排纱嘴、Sintral 检验

8.4 计算机横机全成形针织服装织造及完整生产流程

如图 8-40 所示为计算机横机车间。计算机横机有不同的机号。

图 8-40 计算机横机车间

机号：机床上 25.4mm(1in)内所具有的针数。

细针(产品轻薄高档,质量 250g 左右)。

粗针(产品厚重,质量 450g 左右)。

编织时间：花型越复杂,编织时间越长。

工艺细节如下所述。

纸样绘制：依据设计师工艺单绘制纸板。

工艺计算：根据纸板及原料特性计算工艺。

编制程序：依据工艺参数及花型等制作计算机程序。

上机读盘：计算机横机读取工艺程序。

机器编织：根据程序，机器自动编织衣片。

计算机横机编织全成形针织服装大货生产流程及详细视频如下。

8.4.1　计算机横机编织

1. 编织衣片

在STOLL花型软件M1 PLUS中做好工艺建模后，填写生产交接单。在STOLL计算机横机中导入花型，穿线，启动机器，开始编织衣片，整个过程见视频8-10。

2. 织造门襟带子

织造开衫门襟带子的过程见视频8-11。

视频8-10　编织衣片

视频8-11　织造门襟带子

8.4.2　套口前准备

1. 整烫衣片

在计算机横机上织好的衣片下机落片后必须进行整烫，见视频8-12。

2. 检验衣片

衣片整烫好后要进行检验，包括验片（核对尺寸）、推片（使衣片从卷曲状态展开）、修补漏针，见视频8-13。

视频8-12　整烫衣片

视频8-13　检验衣片

3. 挂线标记尺码

在衣片上挂线标记区分S、M、L等不同尺码，见视频8-14。

4. 裁剪衣片

把衣片中不是通过收放针方式成形的部位（如领围线）通过裁剪的方式形成要求的形状，见视频8-15。

视频8-14　挂线标记尺码

视频8-15　裁剪衣片

5. 截、固定门襟带子

把一整条很长的门襟带子截成每件衣服需要的门襟长度，通过钩针穿线动作使截断的

门襟带子边缘光滑并防止线圈脱散,见视频 8-16。

6. 拆底纱

将衣片底纱拆除,见视频 8-17。

视频 8-16 截、固定门襟带子

视频 8-17 拆底纱

8.4.3 套口缝制

1. 套口袋

在衣片上套口袋,要求平整、位置准确,见视频 8-18。

2. 套口-针织、梭织相拼

在做针织和梭织相拼类服装时,要特别注意针织和梭织两种不同面料缝合处的平整,特别是轻薄类相拼服装,仍需要套口缝制,整个相拼过程见视频 8-19～视频 8-23。

视频 8-18 套口袋

视频 8-19 确定衣片正反、整烫衣片、衣片封口、拼肩

视频 8-20 拆底纱、整烫肩部、固定领口、袖子封口

视频 8-21 绱袖子、拆底纱、整烫固定袖窿、缝合袖子

视频 8-22 绱领子、缝合领缝、缝合侧缝

视频 8-23 底边固定、缝合罗纹底摆

3. 套口后检验

套口后需要进行检验,检查口袋是否套得平整,肩缝是否合得顺畅,并检查是否有漏针,如有漏洞需挂线做标记,检验好后填写缝制检验记录表,整个过程见视频 8-24。

视频 8-24 套口后检验

8.4.4　后道工序

在套口缝制完成后,进入以下后道工序。

1. 拆废纱

套口后首先需将衣片上的废纱拆掉,见视频 8-25。

2. 扒眼子

扒眼子,即检查毛衫套口缝合处有无漏针(未缝合的线圈),以防脱散,见视频 8-26。

视频 8-25　拆废纱　　　　　　　　视频 8-26　扒眼子

3. 手缝工序

手缝工序主要处理套口不能缝合的细节,包括钩头子(藏线头)、领子接口处缝合、固定四平门襟带子、手工撬边、固定开叉、固定卷边、固定口袋、手绣花纹等,具体见视频 8-27～视频 8-34。

视频 8-27　钩头子(藏线头)　　　　视频 8-28　领子接口处缝合

视频 8-29　固定四平门襟带子　　　视频 8-30　手工撬边

视频 8-31　固定开叉　　　　　　　视频 8-32　固定卷边

视频 8-33　固定口袋　　　　　　　视频 8-34　手绣花纹

4. 织圆织带、穿圆织带

编织用于连帽衫等服装上的圆织带(图 8-41)以及如何穿圆织带,见视频 8-35。

图 8-41　用于连帽衫等服装上的圆织带

5. 水洗

毛衫手缝工序结束后需放入洗衣机水洗，包括加洗涤剂、调浴比、搅拌、放入衣物、加柔软剂、洗涤、取出衣物、烘干等，见视频 8-36。

6. 中期检查

毛衫经水洗后要进行中期检查，主要检查毛衫接缝处是否平整、是否有漏针，接着照灯检验，挂线标记不良品，见视频 8-37。

视频 8-35　织圆织带、穿圆织带

视频 8-36　水洗

视频 8-37　中期检查

7. 踩商标、水洗标

毛衫中期检查后踩商标和水洗标，见视频 8-38。

8. 钉纽扣

钉纽扣包括开扣眼、锁扣眼、手工钉纽扣、机器钉纽扣、固定纽扣等工序，见视频 8-39～视频 8-42。

视频 8-38　踩商标和水洗标

视频 8-39　开扣眼、锁扣眼

视频 8-40　手工钉纽扣

9. 成品整烫

钉好纽扣后进行成品整烫，见视频 8-43。

视频 8-41　机器钉纽扣

视频 8-42　固定纽扣

视频 8-43　成品整烫

10. 成品检验

成品检验包括对毛衫进行对称性检验、正面检查、反面检查、整理叠放，见视频 8-44。

11. 挂吊牌

成品检验后检查吊牌信息,并在毛衫上挂吊牌,见视频 8-45。

12. 安全检验

安全检验包括校准机器和检查毛衫,见视频 8-46。

视频 8-44　成品检验　　　　　　视频 8-45　挂吊牌　　　　　　视频 8-46　安全检验

8.5　优秀全成形针织服装设计制作案例

一件优秀的全成形针织服装的诞生需经过汲取灵感和构思、效果图设计和平面款式图绘制、工艺制版、M1 PLUS 建模、毛衫织造一系列的流程。本书作者从上海工程技术大学纺织服装学院学生的设计作品中选取优秀范例,与上海之禾服饰有限公司沟通讨论后,联袂合作完成了一件兼具创意和市场成熟度的针织提花长裙,具体过程如下。

8.5.1　灵感汲取和构思

设计灵感来源于希腊瓶画上一组以菱形组合排列和叶子形相结合的纹样,款式下摆设计灵感源自古希腊知名的胜利女神雕像,通过立体裁剪打出裙摆样板,在计算机横机上编织空气层提花组织,采用藏青和蓝灰两种色彩的高品质羊毛纱线,高雅又不沉闷,在秋冬仍展现飘逸随性之美。

8.5.2　效果图设计

效果图如图 8-42 所示。设计者为上海工程技术大学纺织服装学院服装设计与工程专业肖怡雯。

图 8-42　效果图设计

8.5.3 工艺制版

1. 确定编织机器和针型、选用纱线、成品尺寸

根据服装效果图风格,采用 STOLL 计算机横机,针型为 16 针,纱线采用灰蓝、藏青两色 48 支 2 股 100% 羊毛。款式和尺码表如表 8-2 所示。

表 8-2 针织提花长裙款式和尺码表

款式图工艺说明:

罗纹领子,领高
5cm,2×1罗纹

图案细节
花型大小:
横长 24cm
竖长 30cm
前后片、袖片花
型图案对针

收腰线

前后片为直筒裙版
型、裙摆两侧有插
片,插片从腰部开
始,向下自然垂摆,
插片横宽23cm,右
侧纵向长21cm

品名	针织提花长裙
颜色	灰蓝、藏青
样板号	长裙
纱线成分	100%羊毛
纱线支数	2/48
组织	空气层
针型	16G×1P
辅料	无
密度	9.7×6.28
下机	9.58×6.12

尺寸表

序号	项目	要求尺寸/cm
1	前衣长	90
2	后衣长	90
3	胸宽	47
4	小胸宽	—
5	肩宽	—
6	腰宽	42
7	臀宽	—
8	下摆宽	—
9	下摆螺纹高	—
10	肩宽	35
11	挂肩	20
12	领宽	20
13	领高	5
14	前领深	7
15	后领深	2
16	门襟宽	—
17	袖长	58
18	袖肥	14
19	袖肘宽	—
20	袖口宽	11
21	袖罗纹高	—
22	口袋罗纹高	—
23	口袋罗纹宽	—
24	口袋宽	—
25	口袋高	—
26	帽宽	—
27	帽高	—

样片缩率:

样片:	230N	150K
	横密	纵密
缩前:	24cm	24.5cm
	230N/24cm≈9.58N/cm	150K/24.5cm≈6.12K/cm
缩后:	23.7cm	23.9cm
	230N/23.7cm≈9.7N/cm	150K/23.9cm≈6.28K/cm
缩率:	9.7/9.58×100%≈101%	6.28/6.12×100%≈102%

2. 设定尺寸,前片、后片、袖片、裙摆插片制版

具体过程见视频 8-47。

3. 领子制版

根据前领弧长、后领弧长、领高来制定领子的样版,见视频 8-48。

视频 8-47　设定尺寸,前片、后片、袖片、裙摆插片制版　　　　视频 8-48　领子制版

4. 输入密度,调整收针工艺,编辑工艺单

具体过程见视频 8-49。

视频 8-49　输入密度,调整收针工艺,编辑工艺单

5. 生成工艺单

最终生成的针织提花长裙工艺单如图 8-43 所示。

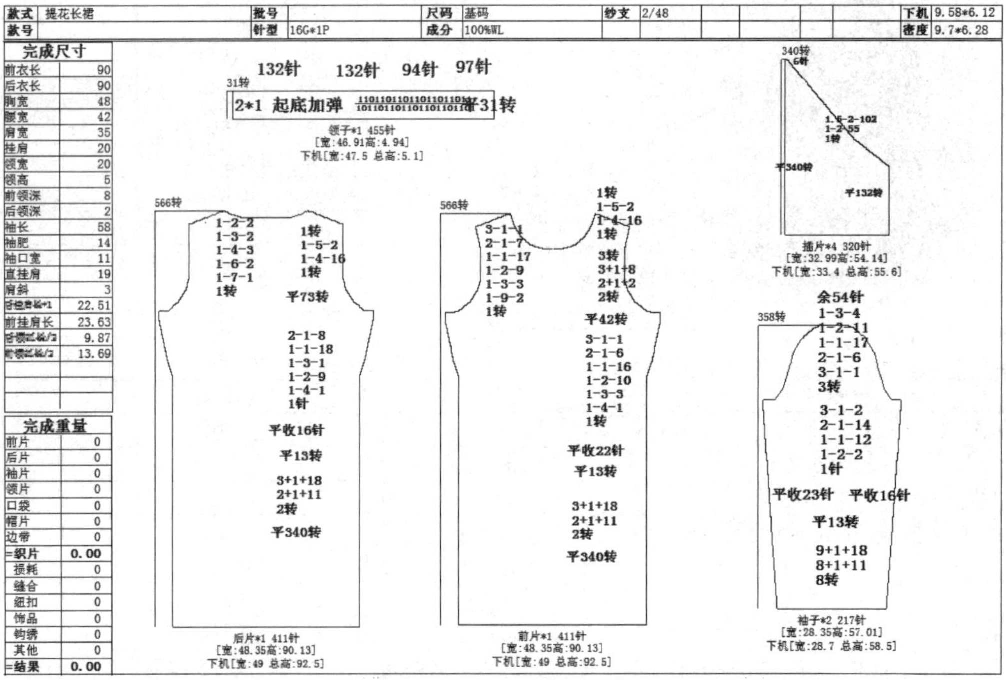

图 8-43　针织提花长裙工艺单

8.5.4　M1 PLUS 建模

1. 提花图案处理

对提花图案原图进行处理,包括导入图片、减少图片颜色数、精修图像、扩展底图等,处

理好的花型底图如图 8-44 所示,整个提花图案处理过程见视频 8-50。

图 8-44　花型底图

2. 工艺建模

分别对后片、前片、领子、袖子、裙摆插片进行工艺建模,包括输入工艺数据、设置针形参数、定位前后片花型、定位袖子、定位前片-裙摆插片花型、核对针数等,见视频 8-51。

视频 8-50　提花图案处理

视频 8-51　工艺建模

3. 修整前后片和袖子细节

分别对前片、后片、袖子更换起头,设置提花花型,调整花型参数,修整模型细节,前后领分别做记号(便于直接裁处领口),排纱嘴等,见视频 8-52。

4. 修整裙摆插片细节

对裙摆插片更换起头,设置提花花型,调整花型参数,修整裙摆插片细节,设置分离纱(直接分离插片与废纱),修整模型细节,对裙摆插片排纱嘴等,见视频 8-53。

视频 8-52　修整前后片和袖子细节

视频 8-53　修整裙摆插片细节

8.5.5　毛衫织造

1. 络筒(倒毛)

将需要用到的蓝灰和藏青两种羊毛纱线进行络筒(倒毛),见视频 8-54。

2. 横机编织

在 STOLL 计算机横机上进行提花长裙衣片的编织，包括导入花型、穿线、编织，见视频 8-55。

视频 8-54　络筒（倒毛）

视频 8-55　计算机横机编织提花长裙衣片

编织下机后的前片和后片如图 8-45 所示，袖片、裙摆插片和领子如图 8-46 所示。

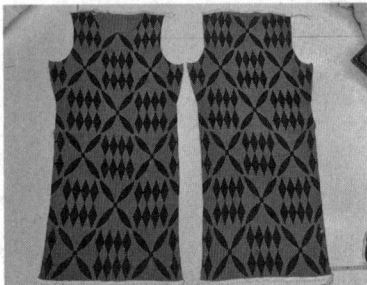

图 8-45　编织下机后的前片和后片

图 8-46　编织下机后的袖片、裙摆插片和领子

3. 套口前准备

（1）拉密：包括珠针定位、样片拉密，见视频 8-56。

（2）整烫衣片：见视频 8-57。

视频 8-56　拉密

视频 8-57　整烫衣片

（3）拆底纱：见视频 8-58。

4. 套口

首先穿线，依次完成裙摆插片封口、前后片封口、缝合裙摆插片、拼肩、绱领子、领侧缝合，见视频 8-59。

视频 8-58　拆底纱

视频 8-59　套口 1

然后依次完成绱袖子、缝合袖子、缝合前后片、上裙摆插片，见视频 8-60。

5. 后道工序

（1）拆废纱：见视频 8-61。

视频 8-60　套口 2

视频 8-61　拆废纱

（2）钩头子(藏线头)：见视频 8-62。

（3）手缝领子：见视频 8-63。

视频 8-62　钩头子(藏线头)

视频 8-63　手缝领子

（4）水洗：把提花长裙放入滚筒洗衣机，加洗涤剂，调浴比，洗涤，烘干，见视频 8-64。

（5）整烫：见视频 8-65。

视频 8-64　水洗

视频 8-65　整烫

8.5.6　最终成品效果

最终成品的正面效果如图 8-47 所示，背面效果如图 8-48 所示，侧面效果如图 8-49 所示。

图 8-47　提花长裙的正面效果

图 8-48　提花长裙的背面效果

图 8-49　提花长裙的侧面效果

第9章　一线成型针织服装织造

9.1　一线成型针织技术

　　一线成型针织技术即无缝针织技术(seamless knitting)，又称全成形针织技术(wholegarment)、织可穿技术(knit-to-wear)、3D针织技术，是采用先进的全成形现代针织技术，在机器上直接编织出一件完整的衣服，下机后无须缝合(或仅少量的缝合)，就可以直接穿着。

　　采用无缝针织的现代技术，由一根纱线织就整件衣衫，赋予高品质的羊绒、精纺羊毛更加贴合身体的舒适感，犹如第二层肌肤。在提供极致舒适的同时，先进的无缝针织技术节省了人力、资源与宝贵的原材料消耗，是更加环保的织造方法。无缝针织承载着人类对未来衣着理想形态的畅想与探索。

9.2　无缝毛衫

　　无缝毛衫采用先进的无缝立体编织技术编织而成。无缝毛衫的最大特点是没有缝合线，如图 9-1 所示。

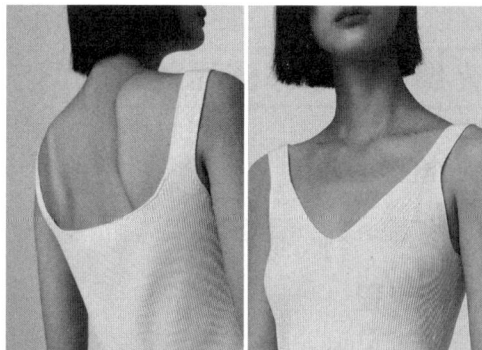

图 9-1　无缝毛衫

无缝毛衫的织造过程见视频 9-1。

9.3　无缝计算机横机

无缝毛衫需使用无缝计算机横机编织，无缝计算机横机可以说是针织的三维立体打印机，如图 9-2 所示。

图 9-2　无缝计算机横机

日本岛精公司是世界著名的无缝机制造商之一。无缝机结构复杂、价格昂贵，每台的价格在百万级别，每根织针约 100 元，无缝机前期投入和维护的成本都要比普通机器高很多。有关日本岛精无缝计算机横机的详细介绍见视频 9-2。

视频 9-2　日本岛精无缝计算机横机介绍

9.4　普通毛衫和无缝毛衫制作流程对比

9.4.1　普通毛衫的制作流程

机器分别编织出前身片、后身片、袖片，再进行后续加工，缝合成整件，如图 9-3 所示。

9.4.2　无缝毛衫的制作流程

采用先进的立体编织技术，在机器上编织圆筒形的袖子和大身，并在机器上收针拼接，直接在机器上编织出整件毛衫，如图 9-4 所示。

图 9-3　普通毛衫的制作流程

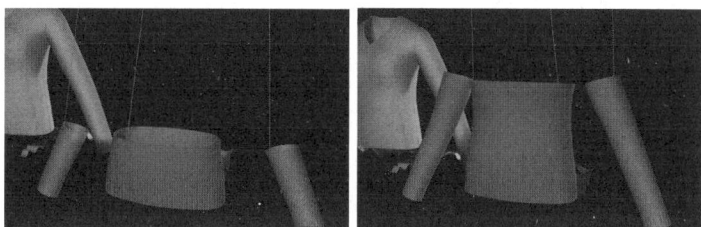

图 9-4　无缝毛衫的制作流程

普通毛衫和无缝毛衫的制作流程对比见视频 9-3。

视频 9-3　普通毛衫和无缝毛衫的制作流程对比

9.5　普通毛衫和无缝毛衫的区分

普通的毛衫，在大身侧面、肩膀袖山、腋下等部位，有明显的突起的缝合缝。无缝毛衫是整体编织，没有缝合缝，如图 9-5 所示。

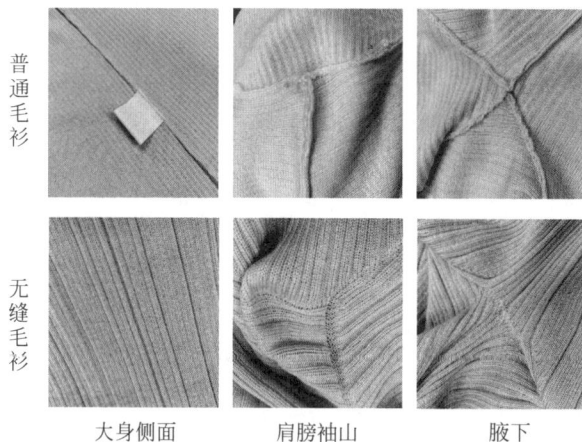

普通毛衫　无缝毛衫

大身侧面　　　肩膀袖山　　　腋下

图 9-5　普通毛衫和无缝毛衫的区分

9.6 无缝毛衫的优势

1. 穿着舒适、自然合体

(1) 无缝毛衫内侧没有拼接缝,贴身穿着更亲肤、舒适。

(2) 成衣线条流畅,有更自然的垂坠感。

2. 节省原料、符合环保理念

(1) 无须剪裁和缝制,只需编织一件毛衣所需的最基本的纱线量。

(2) 节省原料,符合环保理念。

3. 高效全自动、节省人工、缩短生产周期

(1) 无须剪裁和缝合,节省大量人工和时间成本,机器的自动化程度高。

(2) 大幅缩短了生产周期。

无缝产品是毛衫行业在未来的发展趋势之一。

第 10 章　Style3D针织服装设计

随着高科技对传统针织服装企业的不断渗透，以及中国劳动力成本的持续攀升，数字化针织服装设计越来越受到针织业界的青睐，也将成为针织服装设计的未来趋势。

Style3D 的针织数字化研发系统让针织研发设计更高效，其服务对象有电商和实体商家、中小毛衫企业、为大品牌的供应商提供设计服务的企业，其应用模式包括设计及打样评审、设计展示及快速迭代。

10.1　Style3D 针织设计系统介绍

Style3D 针织设计系统在构思的样衣、虚拟的样衣和实物的样衣之间构建了便利的桥梁，如图 10-1 所示。

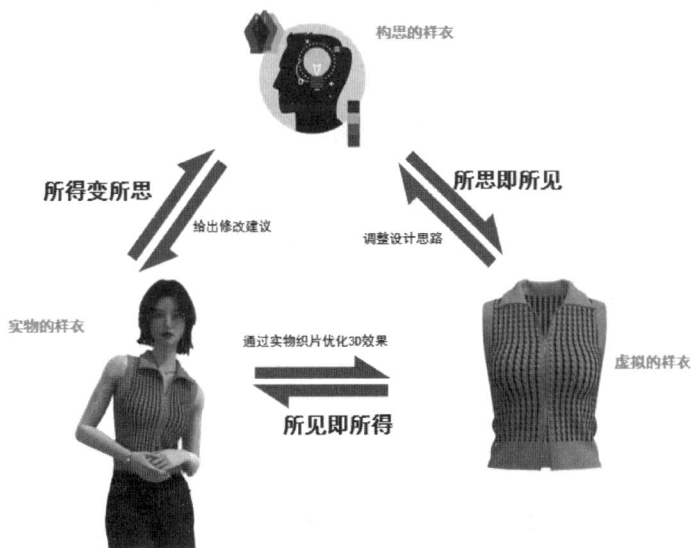

构思的样衣

所得变所思　　　　所思即所见

给出修改建议　　　调整设计思路

实物的样衣　　通过实物织片优化3D效果　　虚拟的样衣

所见即所得

图 10-1　高效的针织数字化研发系统

10.1.1　Style3D 针织设计的优势

（1）参数化生成图元，不规则区域采用针织组织结构填充。

（2）廓形灵活搭配。

（3）针织组织结构多色可实现变色。

（4）研发数据库更好地帮助企业生成营销数据库（款式更多、数据更广）。

（5）手绘图案自动生成面料，针织线圈效果逼真。

（6）标准化原料样片帮助确认手感和处理工艺。

（7）设计过程产生生产数据，向生产端传达更高效。

10.1.2　Style3D 针织设计系统的构架

Style3D 针织设计系统由面料库、工艺库、制版库、编织库组成，如图 10-2 所示。

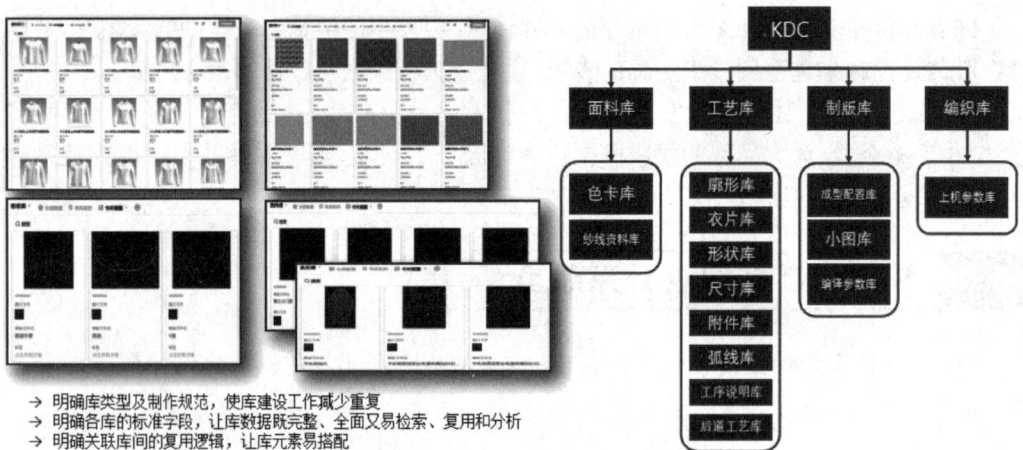

→ 明确库类型及制作规范，使库建设工作减少重复
→ 明确各库的标准字段，让库数据既完整、全面又易检索、复用和分析
→ 明确关联库间的复用逻辑，让库元素易搭配

图 10-2　Style3D 针织设计系统的构架

10.1.3　Style3D 针织设计系统的创新性

（1）针织行业首创的模块化设计系统。

（2）针织行业首创的设计工艺制版一体化系统。

10.1.4　Style3D 数字化研发平台产品结构

Style3D 数字化研发平台由 Style3D Knit Design、Style3D Studio、Style3D Knit CAD 三部分构成，如图 10-3 所示。

10.1.5　Style3D Studio＋Knit

工作室＋针织的模式体现了 Style3D 针织设计系统的核心竞争力，其构成如图 10-4 所示。

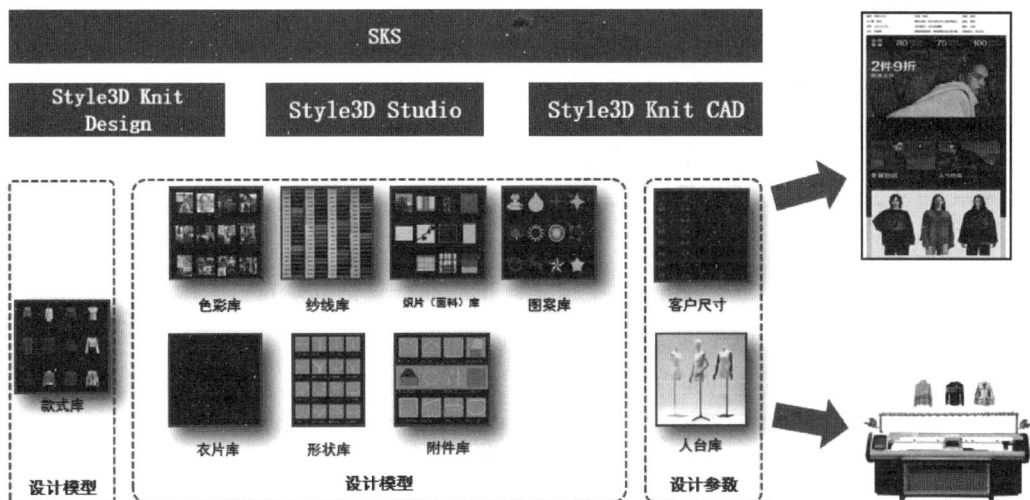

图 10-3　Style3D 数字化研发平台产品结构

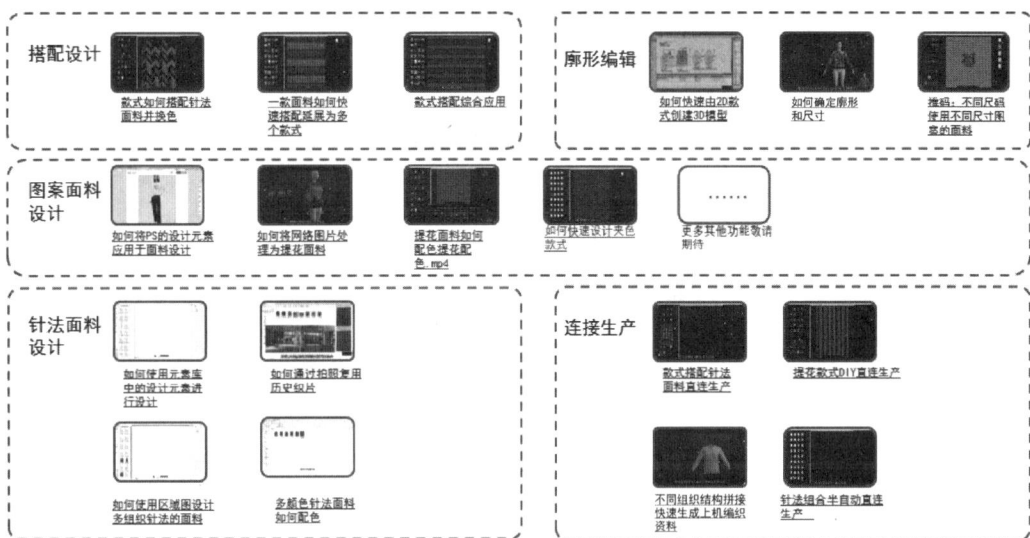

图 10-4　Style3D Studio＋Knit 的模式

10.1.6　Style3D 的产品价值

（1）业务流程的提升：产品研发体系升级，颠覆传统业务流程，研发过程数字化，大大提升企业形象。

（2）试衣体验的提升：输入个性化人体尺寸以及设置个人色彩和款式偏好，进行交互式虚拟试衣，消费者可参与针织服装设计，试衣体验大幅提升。

（3）打样效率的提高：无须传统打样，进行样衣编织，可以在 CAD 系统中定制纱线，调用系统自带的组织结构库和款式库，进行快速直观的虚拟打样。

（4）企业资产管理的增强：企业资产和生产素材得到有条不紊的高效管理，数字化资产管理使得查询信息、文档信息管理、企业资源管理一目了然，便于数据资源的重复使用和分析。

（5）企业设计能力的增强：企业设计能力不再依赖于某几位设计师，强大的 CAD 系统设计功能使得针织服装的廓形设计、面料设计和配色可轻松完成。

10.2 Style3D 热销功能介绍

目前市场上的针织设计软件存在以下缺点：①打样浪费严重，限制了出款数量；②传统设计模式很难体现 3D 毛衣效果，购买者无法更快地看到设计效果；③品牌供应商更希望看到 3D 展示的样衣且能够快速变款。

Style3D 针织设计系统针对以上现状加强 3D 毛衣效果的研发，增加了许多符合当下市场和企业需求的热销功能，以下介绍四个受到客户青睐的典型热销功能。

10.2.1 多色多组织面料设计

此功能主要用于设计多区域组织多颜色面料。

（1）导入区域图元并设置为区域类型。

（2）为不同区域添加针法信息。

（3）将衣片应用于面料，查看 3D 上身效果。

（4）切换面料颜色，自动生成对应颜色的罗纹组织。

（5）可切换款式，查看面料不同款型的应用效果。

（6）为面料设置夹色。

（7）可查看区域组织与夹色的融合效果。

具体软件操作如视频 10-1 所示。

视频 10-1　多色多组织面料设计

10.2.2 款式搭配综合应用

1. 换色

从色彩库中挑选符合设计需求的颜色，双击应用于当前款式面料，即可在 Style3D 中查看所选颜色应用的成衣效果。

2. 变换款型

锁定当前面料，从款式库中挑选计划设置的款型，即可在 Style3D 中查看不同款型的应用效果。

3. 放码

点击款式尺寸并新增尺码，选择并调整档差，点击计算即可切换至 Style3D 查看多尺码的成衣效果。

具体软件操作如视频 10-2 所示。

视频 10-2　款式搭配综合应用

10.2.3　通过 Knit Design 轻松变款

（1）为当前款式选择面料。

（2）切入 Style3D Studio 查看面料应用效果。

（3）通过形状库将圆领改为 V 领。

（4）减小袖长，改为中长袖。

（5）刷新版型。

（6）再次进入 Style3D Studio，点击模拟即可看到新的款式设计效果。

具体软件操作如视频 10-3 所示。

视频 10-3　通过 Knit Design 轻松变款

10.2.4　网络或客户畅销款轻松设计

（1）截取网络图片并固定。

（2）从款式库中选择满足要求的款式。

（3）将图片与衣片轮廓调整到接近的大小和比例。

（4）为面料不同组织划分不同区域。

（5）从针法库中查找需要的针法粘贴到区域中，也可直接从图片中截取元素粘贴至区域。

（6）设计完成即可切换至 Style3D 查看成衣效果。

具体软件操作如视频 10-4 所示。

视频 10-4　网络或客户畅销款轻松设计

结　　语

　　历经一年的时间，在项目组所有成员的共同努力下，《针织服装设计与工艺》产教融合教材终于收官了。希望本教材的问世能够为志在针织服装领域深入发展的学生指路，也给针织业界人士提供有价值的参考。

　　在此感谢大家的通力合作，特别要感谢我的两位研究生汪玥和李家宝。因为本书是新形态教材，需要拍摄许多针织服装设计与工艺方面的视频，感谢她们两位的倾情投入，在学校和企业间不辞路途遥远，辗转奔波，获得许多来自企业的第一手宝贵资料。也由于她们追求完美的拍摄和视频剪辑效果，使本书的视频展现出精致的细节和较高的品质。她们两位的感言见彩蛋视频。

彩蛋视频

参 考 文 献

[1] 包铭新.服装设计概论[M].上海：上海科学技术出版社,2000.

[2] 袁仄,胡月.现代服装设计教学[M].南昌：江西美术出版社,1998.

[3] 郑健.服装设计学[M].北京：纺织工业出版社,1993.

[4] 刘晓刚,陆乐,李峻,等.服装设计与大师作品[M].上海：中国纺织大学出版社,2000.

[5] 余强.服装设计概论[M].重庆：西南师范大学出版社,2002.

[6] 沈雷.针织时装设计[M].北京：中国纺织出版社,2001.

[7] 薛福平.针织服装设计[M].北京：中国纺织出版社,2002.

[8] 袁利,赵明东.打破思维的界限：服装设计的创新与表现[M].北京：中国纺织出版社,2005.

[9] 沈雷.针织服装设计与工艺[M].北京：中国纺织出版社,2005.

[10] 阿瑛.钩针编织基础[M].北京：中国纺织出版社,2005.

[11] 周雨.我的手编毛衣·经典篇[M].北京：中国轻工业出版社,2008.

[12] 方靖,须秋洁.服装创意装饰[M].北京：中国纺织出版社,2007.

[13] 希弗瑞特.时装设计元素：调研与设计[M].袁燕,肖红,译.北京：中国纺织出版社,2009.

[14] 袁菁红,杨威,胡毅.毛衫组织结构在造型设计中的应用[J].针织工业,2005,10：20-22.